国家自然科学基金项目研究成果

博士论丛

多个体系统的分布式量化与鲁棒一致性

Distributed Quantization and Robust Consensus of Multi-agent Systems

李德权　著

中国科学技术大学出版社

内 容 简 介

本书为国家自然科学基金面上项目“基于量化信息通信的网络化多个体系统的分布式协调研究”的研究成果。网络化多个体系统的分布式协调控制、滤波、估计、优化等相关研究，是当前研究的热点与难点。本书从网络化多个体系统个体间的信息通信受到实际网络通信带宽限制的角度，对确保整个网络达成一致性的协议设计进行了较为系统的研究，揭示了网络拓扑结构、通信带宽等对一致性的重要影响。

本书适合自动化、计算机、系统科学、应用数学等专业研究生、教师和广大科学工作者、工程技术人员阅读参考。

图书在版编目(CIP)数据

多个体系统的分布式量化与鲁棒一致性/李德权著. —合肥：中国科学技术大学出版社，2021. 6

ISBN 978-7-312-04844-9

Ⅰ. 多…　Ⅱ. 李…　Ⅲ. ①分布式操作系统 ②鲁棒控制　Ⅳ. ①TP316. 4 ②TP273

中国版本图书馆 CIP 数据核字(2019)第 273699 号

多个体系统的分布式量化与鲁棒一致性

DUO GETI XITONG DE FENBU SHI LIANGHUA YU LUBANG YIZHI XING

出版　中国科学技术大学出版社
安徽省合肥市金寨路 96 号，230026
http://press. ustc. edu. cn
http://zgkxjsdxcbs. tmall. com

印刷　合肥华苑印刷包装有限公司

发行　中国科学技术大学出版社

经销　全国新华书店

开本　710 mm×1000 mm　1/16

印张　9. 75

字数　170 千

版次　2021 年 6 月第 1 版

印次　2021 年 6 月第 1 次印刷

定价　42. 00 元

前　言

随着科学技术的快速发展，大量造价低廉、具备感知与执行能力的智能设备和终端得到广泛应用，并通过信息获取、传输、处理和控制等相互作用，以网络形式实现对质量流、能量流、信息流的有效协调管控，从而构成了融合计算、控制和通信的信息物理系统。信息物理系统不仅将人与自然万物以及改造自然的机器，以有效交互协同的作用方式统一在一个系统框架内，还推动了计算机、网络通信和控制技术的协同变革和演进融合。

作为信息物理系统的一个重要研究领域，由于不需要集中式控制和网络全局信息，近年来网络化多个体系统的分布式协调控制成为通信、控制等领域的一个研究热点。网络化多个体系统的优点是节约成本，并且可以提高系统在复杂环境中的鲁棒性和适应能力，因此在很多领域得到广泛应用。作为分布式协调控制的基础，一致性问题更是受到了不同领域研究人员的广泛关注。一致性算法涉及设计有效的分布式控制律或协议，使得仅基于个体间的局部信息共享，所有个体状态变量就能够趋于相同。一致性算法蕴含了以模拟生物群体特性行为为准则的分布式智能计算思想，并伴随着微型传感器技术、数字通信网络等的快速发展，目前被越来越广泛地应用于多传感器协同信息处理、网络资源配置、大规模机器学习等众多领域。

在分布式场景下，尤其是当网络运行在非常恶劣的通信环境中时，数据会丢包或链接失效。此外，不同个体具有不同的感知范围，这些因素会使得个体间的平衡或对称信息交换变得非常困难或不可能,因而个体间的单向非平衡信息通信是有向网络的首要特征。这意味着实际网络拓扑一般是有向非平衡的。众所周知,有向图的代数图论,尤其是有向图的代数图谱理论,到目前为止发展得并不完善,这导致有向网络一致性算法的收敛性和鲁棒性分析非常困难,因此有关有向网络一致性相关问题的研究一直是热点。和无向或有向平衡网络相比,有向非平衡网络不但意味着更弱的网络拓扑条件,而且会降低系统达到一致性时所需要的信息量和能量消耗,并使得网络在不可靠通信下具有更强的鲁棒性。此外,实际的网络化多个体系统具有空间分布特性,并且连接个体的信道具有有限带宽限制,这导致个体间仅能基于量化信息而非精确信息进行通信。

综上所述,本书针对如何控制复杂动态网络环境中的信息感知分布性、控制适应性、整体协调性进行论述,围绕网络拓扑和什么样的信息在网络中传输这两个关键因素,针对空间分布的动态网络节点之间的信息通信受到有限带宽限制和通信环境的影响,重点研究了基于量化信息通信的有向网络多个体系统的量化一致性问题。同时,由于个体间的信息通信不可避免地会受到各种环境噪声和不确定性的干扰,本书也研究了具有测量噪声干扰的有向网络多个体系统的鲁棒一致性问题。

在本书写作过程中,笔者参阅了大量的相关文献,在此向这些文献的作者表示深深的感谢!由于写作仓促,并且受笔者水平所限,书中难免存在疏漏和不妥之处,敬请广大读者和同行批评指正。

李德权

本书主要符号

$G(k)=(\mho,E(k))$	点集$\mho$和边集$E(k)$构成的有向网络
$\boldsymbol{A}=(a_{ij})_{N\times N}$	由元素a_{ij}组成的$N\times N$矩阵$\boldsymbol{A}$
$\boldsymbol{A}^{\mathrm{T}}$	矩阵$\boldsymbol{A}$的转置矩阵
$\boldsymbol{A}^{-1}$	矩阵$\boldsymbol{A}$的逆矩阵
$\boldsymbol{A}^{\dagger}$	矩阵$\boldsymbol{A}$的广义逆矩阵
$\Vert\boldsymbol{A}\Vert_2$	向量$\boldsymbol{A}$的2-范数
$\lambda_{\max}(\boldsymbol{A})$	矩阵$\boldsymbol{A}$的最大特征值
$\lambda_{\min}(\boldsymbol{A})$	矩阵$\boldsymbol{A}$的最小特征值
$\mathrm{Re}(\lambda)$	复数λ的实部
$\mathrm{Im}(\lambda)$	复数λ的虚部
$\bar{\lambda}$	复数λ的共轭
$\mathrm{span}\{\boldsymbol{v}\}$	向量$\boldsymbol{v}\in\mathbf{R}^N$生成的子空间
$\mathrm{span}\{\boldsymbol{v}\}^{\perp}$	向量$\boldsymbol{v}\in\mathbf{R}^N$生成的正交补子空间
$\mathrm{Co}(\Re)$	由集合$\Re$的所有元素生成的凸包
$\boldsymbol{I}_{n\times n}$	$n\times n$单位矩阵
$\boldsymbol{A}\otimes\boldsymbol{B}$	矩阵$\boldsymbol{A}$和矩阵$\boldsymbol{B}$的Kronecker乘积
$\mathscr{E}[\cdot]$	期望算子
$\mathrm{Co}(\boldsymbol{X})$	$\boldsymbol{X}=(x_1,\cdots,x_N)^{\mathrm{T}}$的凸包 $\mathrm{Co}(\boldsymbol{X})=\{\sum_{j=1}^{N}a_jx_j \mid a_j\geqslant 0,\sum_{j=1}^{N}a_j=1\}$

目　　录

第1章　绪　　论

1.1　引　　言

在过去的二十多年中，随着计算机技术、网络技术和通信技术的迅猛发展，从大型集成电路计算机到分布式网络工作站产生了一个跃变，使得人们对基于网络的大规模系统的分布式协调控制需求越来越迫切。如在工业应用中，相比应用单一、造价昂贵、设计复杂的大型集成系统来完成所有的工作，人们更期望通过利用多个价格低廉的小型设备或子系统之间的相互协调合作来达到同样的目的。由此发展而来的由多个具有有限信息获取和有限数据处理能力、可以进行自主决策的智能个体或子系统所组成的网络化多个体系统的分布式协调控制理论，不需要集中式控制和网络全局信息，从而为克服传统大型集成控制系统存在的本质缺点提供了一条有效途径。网络化多个体系统的优点是不仅节约成本，还在复杂环境中提高了整个系统的鲁棒性、灵活性和适应能力。

同时,自然界存在着各种迷人的群体现象[1,2,8-12]。例如,蚁群的直线平移,臭虫和蟋蟀的循环追逐,鱼群的类似圆周运动和螺旋运动等。在这些生物群体中,通常没有一个全局的发号施令者,每个个体的行动仅受其邻居个体的影响,但通过个体间简单的局部作用,却可以使群体自组织地产生涌现行为。而这正是复杂性科学研究的一个最具根本性的问题。这些自然界中难解迷人现象,近年来正引起生物、物理、计算机和控制等多个领域的研究人员的广泛兴趣[5-7,13,14],大家都试图从各自学科角度解释这些简单的生物群体在没有集中式控制和网络全局信息的情况下,如何通过个体间的局部协作来达到行动方向的一致,从而完成相对复杂的任务。因此,对这类由大量动态演化个体组成的网络化系统进行建模与分析不仅具有重要的理论意义,还可以为许多实际问题的解决提供理论指导。尤其是近几年来,对网络化多个体系统的定性特征与定量规律的深入探索、科学理解以及工程应用,正成为网络时代科学研究中的前沿课题之一。目前,网络化多个体系统的分布式协调在分布式计算与优化[4,15-24]、舆论动力学[27-34]、蜂拥控制[35-43]、无人驾驶飞行器和多移动车辆系统的编队控制[44-59]、卫星姿态同步[60-65]等领域得到了广泛应用。

1.2 一致性问题

一致性(consensus)问题是在网络化多个体系统中非常有现实意义,也是很有理论价值的技术问题。英文单词“consensus”来源于拉丁语,其中“con”表示“共同”,“sensus”意为“感觉、意见”,因此“consensus”意为“共同的感觉、共识”,其在中文科技文献中常译为“一致性”。在一个多个体系统中,所有个体的状态变量最终能够趋于相同,我们称之为一致性问题。而一致性算法(或控制协议)就是基于个体间的局部信息传递,设计有效的分布式控制律,使得所有个体就某个状态变量达成共识。所有个体能够达成一致是多个体系统实现协调合作、控制的首要条件,也是多个体系统分布式协调控制研究中的一个热点和难点问题,其深刻地揭示了分布式协调控制的本质:局部交互、全局涌现(interact locally and emerge globally)。近年来,由于多个体系统的广泛应用以及对于分布式协调控制问题的深入研究，一致性问题的研究发展迅猛，无论是在理论上，还是在应用上都取得了丰硕的成果。一致性问题在计算机科学中有着很长的研究历史[4]，它是分布式计算理论的形成基础。对于一致性问题的正式研究可以追溯到20世纪60年代在管理科学及统计学领域中的研究[66]。二十多年后，由DeGroot[67]提出的统计一致性理论被重新应用于多传感器采集不确定信息的融合问题中。

自21世纪以来，多个体系统一致性问题的研究进入了一个全新的发展阶段，不同领域的学者们从不同角度对一致性问题展开了深入研究。例如，按照时间域的不同，文献[35-45,49-55]研究了连续时间多个体系统的一致性问题，文献[45-48,56,68,69]则研究了离散时间多个体系统的一致性问题。而按照网络中个体动力学的不同，学者们分别研究了个体具有简单的一阶积分器形式[48-56]、二阶积分器形式[38-44,58,60,70-72]以及更一般的高阶形式[73-82]的多个体系统一致性问题。同时，与网络拓扑有关的一致性问题也得到了广泛研究。例如，文献[49]研究了具有固定拓扑的无向图和有向平衡图的一致性问题，文献[48,56]分别研究了具有切换拓扑的无向和有向网络的一致性问题，文献[83,84]则分别研究了具有通信时延和测量噪声的多个体系统一致性问题。按照网络中每一时刻是所有个体还是仅有部分个体参与信息交换，文献[45,48,49,55,56,85-87]分别研究了多个体系统的同步和异步一致性问题。此外，不同于早期的大量一致性文献，主要假设个体之间基于精确状态信息进行通信。最近，文献[88-117]则从不同角度深入地研究了个体间基于有限量化信息通信的一致性问题，并取得了一系列成果，但远未形成完整的体系，这也是本书研究的出发点和重点。

从系统与控制论的观点分析，网络化多个体系统有三个构成要素：① 动力学个体(agent)，文献中也称为智能个体或自主体；② 个体间信息交互的网络通信拓扑(network topology)；③ 个体接收到其邻居个体后的反应规则，也称为控制协议(control protocol)。研究网络化多个体系统的群体动力学行为与稳定性理论密切相关，而选取何种稳定性分析方法往往取决于网络拓扑。因为个体间互相传递信息的关系，即网络通信拓扑可以通过图来表示，所以图论在多个体系统一致性问题研究中是一个非常重要的基本工具。这意味着必须把稳定性理论与图论有效结合，才能对多个体系统的群体动力学行为进行有效分析(图1.1)。目前，关于多个体系统的一致性收敛分析方法包括：二次李雅普诺夫函数法、非二次李雅普诺夫函数法、随机矩阵遍历性反推乘积法、非光滑分析、凸性方法等。此外,大量研究表明,无向图的拉普拉斯矩阵的第二小特征值决定了无向网络一致性算法的收敛性,并可以用于表征收敛的速度。

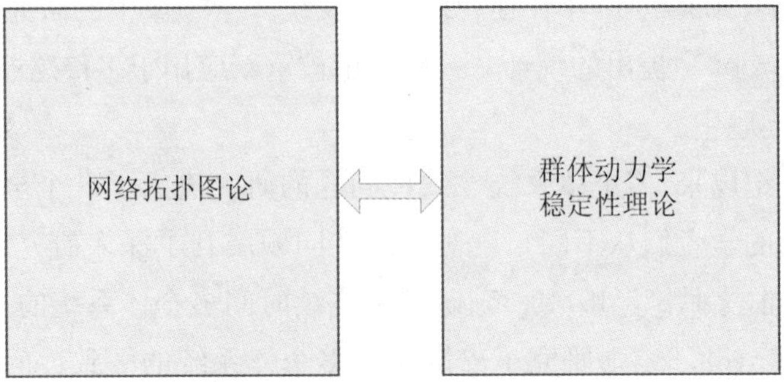

图 1.1　网络拓扑与群体动力学

1.3　基于精确信息通信的一致性问题研究现状综述

自然界中的一致现象随处可见。例如,鱼群在逃避攻击时会自动形成一个合理的队形,臭虫和蟋蟀会循环追逐,成群的大雁在迁飞时排列成规则的形状等。受自然界中各种迷人的群体现象启发,物理学家 Vicsek 等[12]于 1995 年提出了描述复杂多个体系统的一个经典模型——Vicsek 模型,并通过大量的数值模拟发现,在一定条件下,所有个体仅仅通过与其周围个体之间的局部信息共享就可以自发地向同一个方向运动。经进一步研究,Jadbabaie 等[48]针对简化的 Vicsek 线性模型,借助代数图论中随机矩阵遍历性反推乘积(ergodic backward products of stochastic matric,简称 EBPSM)[125]的相关结果,对大量个体在无集中控制时基于最近邻规则设计的方向更新策略自组织涌现出运动方向一致的现象,给出了严格的理论证明,并提出了分析切换网络多个体系统一致性收敛的一个范例——随机矩阵遍历性反推乘积法。但文献[48]的理论分析主要基于切换网络在任意时刻始终是无向的这一严格假定条件。自此以后,信息与控制领域的学者们掀起了一轮研究分布式一致性算法及其应用的热潮。

Olfati-Saber、Fax 和 Murray 等[49,53]最早从系统与控制论的角度提出了描述和分析多个体系统一致性问题的理论框架，设计了最一般的一致性算法，得到了系统达到平均一致性时的网络条件，并发现网络的代数连通度表征了系统一致性收敛的速度，进而将结果推广到带通信时延的对称一致性算法。需要指出的是，Murray 及其合作者的研究[49,53]成为分析有向平衡网络多个体系统一致性收敛的另一个范例——代数图论和二次李雅普诺夫函数相结合的方法。Ren 等[58]则提出了无向图情况下的二阶积分器个体的一致性问题，并运用无源性理论分析了系统达到平均一致性时所需要的网络条件。此外，Ren[56]和 Lin[51]等在 Jadbabaie[48]关于无向切换网络一致性的研究基础上，各自深入地研究了一般有向切换网络的一致性问题，发现只要网络中存在一个有向生成树或一个全局可达节点，则所有个体最终会达成共识。总之，大量的研究和分析表明：当网络为固定拓扑时，只要网络保持连通，则所设计的一致性算法就可确保所有个体状态最终达到一致；当网络为切换拓扑时，在每个时刻网络拓扑图都不连通，但只要在一个固定的有限时间段内，存在由网络拓扑图组成的序列，并且所有这些图在这个固定的有限时间段内保持连通，即切换网络拓扑满足所谓的“联合周期连通条件”[48,51,56]，则所有个体状态最终会趋于相同。由于本书主要考虑个体动力学为一阶积分器形式的离散时间一致性算法，以下我们将重点阐述与此密切相关的研究成果。淡化个体本身的动力学影响，能更明确地揭示网络拓扑结构对多个体系统一致性的影响。

1.3.1 离散时间一致性算法分析

考虑由 N 个个体组成的网络化多个体系统，其中每个个体具有如下的离散一阶积分器形式动力学方程：

$$x_i(k+1)=x_i(k)+u_i(k),\quad i\in \mho=\{1,2,\cdots,N\} \tag{1.1}$$

式中，$x_i(k)$是个体 i 的状态，$u_i(k)$是个体 i 在 k 时刻的控制输入。

在文献[49]中，Olfati-Saber 和 Murray 基于最近邻规则对个体 i 设计了如下的线性一致性算法或控制输入：

$$u_i(k)=\sigma\sum_{j\in N_i}a_{ij}[x_j(k)-x_i(k)] \tag{1.2}$$

式中，a_{ij} 是对应的固定拓扑有向图 G 的邻接矩阵 $\boldsymbol{A}=(a_{ij})_{N\times N}$ 中的元素。控制输入式(1.2)的目的是使得所有个体的状态最终趋于相同。

定义 1.1[49]　若 $\lim\limits_{t\to\infty}\|x_i(t)-x_j(t)\|=0(i,j\in\mho,\forall i\neq j)$，则我们称多个体系统趋于一致，也就是所有个体状态渐近收敛到一个共同的一致性空间(agreement space)，即最终实现 $x_1=x_2=\cdots=x_N$。因此，一致性的含义就是，任给初始状态 $x_i(0),i\in\mho=\{1,2,\cdots,N\}$，使得

$$\lim_{t\to\infty}x_i(t)=x^*,\quad i\in\mho \tag{1.3}$$

因为这里考虑的个体动力学仅是一阶积分器形式，所以 x^* 不仅与网络拓扑有关，而且也与个体的初始状态有密切关系。如果网络拓扑是切换的，则 x^* 有可能是时变的，这也完全有别于传统控制理论中单个体闭环系统的平衡点仅是一个孤立点。

结合所有的个体，描述整个网络特性的闭环系统动力学方程可表示为

$$\boldsymbol{x}(k+1)=\boldsymbol{P}\boldsymbol{x}(k) \tag{1.4}$$

式中，迭代矩阵 $\boldsymbol{P}=\boldsymbol{I}-\sigma\boldsymbol{L}$ 为一个非负矩阵，$\sigma>0$ 原本表示采样步长，现也称为控制增益。如果控制增益 $\sigma\in\left(0,\dfrac{1}{\Delta}\right)$，则迭代矩阵 $\boldsymbol{P}=\boldsymbol{I}-\sigma\boldsymbol{L}$ 既是一个随机矩阵，也是一个本原矩阵[121]，并且其所有的对角线元素 $p_{ii}=1-\sigma l_{ii}>0(i\in\mho)$，这里 l_{ii} 为拉普拉斯矩阵 $\boldsymbol{L}$ 的主对角线元素。则根据 Perron-Frobenius 定理[121]，可得到以下关于离散一致性算法的一致性收敛结论。

定理 1.1[6,49]　考虑由 N 个个体组成的有向网络，每个个体的闭环动力学方程可表示为

$$x_i(k+1)=x_i(k)+\sigma\sum_{j\in N_i}a_{ij}[x_j(k)-x_i(k)]$$

式中，$0<\sigma<\dfrac{1}{\Delta}$，$\Delta$ 为网络的最大度。

(1) 如果有向图 G 含有有向生成树，则对于任意初始状态，系统最终将趋于一致。

(2) 如果有向图 G 为强连通的，系统将收敛到加权平均一致平衡点 $\lim\limits_{k\to\infty}x_i(k)=x^*=\sum\limits_{i=1}^{N}\pi_i x_i(0)$，且 $\boldsymbol{\pi}^{\mathrm{T}}\boldsymbol{P}=\boldsymbol{\pi}^{\mathrm{T}},\boldsymbol{\pi}^{\mathrm{T}}\boldsymbol{1}=1,\pi_i>0(i\in\mho)$。

(3) 如果 G 为有向平衡图(或 $\boldsymbol{P}$ 为双随机矩阵)，则系统最终收敛到平均一致性，即 $x^*=\dfrac{1}{N}\sum\limits_{i=1}^{N}x_i(0)$。我们称这种能够收敛到算术平均值的特定算法为

平均一致性算法，该算法在无线传感器网络的信息融合以及处理器网络的负载平衡等领域得到了广泛的应用。特别地，如果网络 G 为连通的无向图，则分布式一致性算法式(1.2)对于任意初始值均可以保证闭环系统渐近收敛到平均一致性。

1.3.2 切换网络离散时间一致性算法分析

在许多实际应用中，网络的不可靠通信，如网络节点间的连边失效或边的重连、通信信息的数据丢包、节点丢失等，都可以造成网络拓扑的经常性变化。通常把这种动态拓扑结构称为切换网络拓扑结构，并且一般用动态图 $G_{s(k)}$ 来对切换网络拓扑进行建模，其中 $s(t):\mathbf{R}\rightarrow J$ 表示一个分段常值的切换信号，$J=\{1,2,\cdots,m\}$。针对离散时间系统情形，可得如下的闭环系统：

$$\boldsymbol{x}(k+1)=\boldsymbol{P}_{s_k}\boldsymbol{x}(k) \tag{1.5}$$

式中，$s_k\in J$，对应的随机矩阵集合 $\Xi=\{\boldsymbol{P}_1,\boldsymbol{P}_2,\cdots,\boldsymbol{P}_m\}$，$\boldsymbol{P}_{s_k}=\boldsymbol{I}-\sigma\boldsymbol{L}(G_{s_k})$。假定在任意固定时刻网络拓扑是强连通且平衡的(无向图为其特例)，对于某一拓扑结构 $\boldsymbol{L}(G_{s_k})$，用 $\lambda_2(G_{s_k})$ 表示 $\lambda_2\left[\frac{1}{2}(\boldsymbol{L}(G_{s_k})+\boldsymbol{L}^{\mathrm{T}}(G_{s_k}))\right]$，用 $\mu_2(G_{s_k})$ 表示 $\mu_2\left[\frac{1}{2}(\boldsymbol{P}(G_{s_k})+\boldsymbol{P}^{\mathrm{T}}(G_{s_k}))\right]$，则 $\mu_2(G_{s_k})=1-\sigma\lambda_2(G_{s_k})$，$0<\sigma<\frac{1}{\Delta}$，$\Delta$ 为网络的最大度。并令向量 $\boldsymbol{\delta}=\left(\boldsymbol{I}-\frac{\mathbf{1}\mathbf{1}^{\mathrm{T}}}{N}\right)x$，表示一致性误差，则利用平均一致不变性[139]和式(1.5)可得一致性误差动力学方程为

$$\boldsymbol{\delta}(k+1)=\boldsymbol{P}(G_{s_k})\boldsymbol{\delta}(k) \tag{1.6}$$

下面的定理给出了网络拓扑切换时的一致性收敛条件和收敛速度。

定理 1.2[6] 考虑由 N 个个体组成的有向切换网络，系统的闭环动力学方程如式(1.6)所示，其中 $\boldsymbol{P}_{s_k}\in\Xi$。假设 Ξ 中的每个随机矩阵对应的有向拓扑图都是强连通且平衡的，并令 $\mu_2^*=\max\limits_{s_k\in J}\mu_2(\boldsymbol{P}_{s_k})$，则对任意切换信号和任意初始值，系统最终会以不小于 μ_2^* 的速度全局指数收敛到平均一致性，并且 $\Phi(\boldsymbol{\delta}(k))=\boldsymbol{\delta}^{\mathrm{T}}(k)\boldsymbol{\delta}(k)$ 可作为线性切换系统式(1.6)的一个公共的二次李雅普诺夫函数。

1.3.3 一致均衡状态

我们介绍了多个体系统趋于一致性时网络拓扑结构需要满足的条件，以及决定算法收敛速度的网络因素。另一个很重要的问题是系统最终趋于一致时的平衡状态值或一致性值。值得注意的是，前面介绍的主要相关结论都是基于图的拉普拉斯矩阵或随机邻接矩阵存在一个公共的左特征向量。当网络拓扑固定且连通时，这个条件很容易满足。此时，根据 $\boldsymbol{\pi}^{\mathrm{T}}\boldsymbol{P}=\boldsymbol{1}^{\mathrm{T}}$ 且 $\boldsymbol{\pi}^{\mathrm{T}}\boldsymbol{1}=1,\pi_i\geqslant 0$ $(i\in\mathcal{V})$，即网络拓扑图包含有向生成树[49,56]，则离散时间系统满足 $\lim\limits_{k\to\infty}\boldsymbol{P}^k=\boldsymbol{\pi}^{\mathrm{T}}\boldsymbol{1}$。因此，$\boldsymbol{x}(k)\to\left(\sum\limits_{i=1}^{N}\pi_i x_i(0)\right)\boldsymbol{1}$，即最后的一致性值等于所有个体初始值的加权平均值。如果网络是切换的，只要假定在任意固定时刻网络拓扑是强连通且平衡的，则由定理 1.1 可知，总有 $\boldsymbol{\pi}=\left(\frac{1}{N},\frac{1}{N},\cdots,\frac{1}{N}\right)^{\mathrm{T}}$。因此，最后的平衡状态值等于所有个体初始值的平均。并且当这个公共的左特征向量 $\boldsymbol{\pi}$ 的所有分量 $\pi_i>0$ 时，文献[139,179]分别表明网络的状态加权平均不变性或平均不变性总是成立，这样就可以构造一个合适的公共二次李雅普诺夫函数以分析闭环系统的一致性收敛[49,127]。

由以上分析可知，图的随机邻接矩阵最大特征值(或拉普拉斯矩阵最小特征值)对应的左特征向量 $\boldsymbol{\pi}$，对多个体系统达到一致的最终平衡状态值具有决定性的作用。从某种意义上说，$\boldsymbol{\pi}$ 揭示了有向网络重要的拓扑特性。文献[56,128]对左特征向量 $\boldsymbol{\pi}$ 具有的意义给出了明确说明：若 $\boldsymbol{\pi}$ 的第 i 个分量 $\pi_i>0$，则表示第 i 个个体可以选为有向网络中一个有向生成树的根节点，或者说个体 i 在这个网络中具有一定的影响力，并且 π_i 就完全描述了第 i 个个体影响力的大小。因此，并非所有的个体都会影响最后的平衡状态，即权值 π_i 可能为 0。文献[56,128]显示，如果网络拓扑图包含有向生成树，那么只有那些和其余所有个体都有强路径相连的个体才会影响最终的平衡状态，即权值不为 0。如果网络拓扑图是强连通图，那么根据 Perron-Frobenius 定理[121]可知，所有 π_i 均为正数。因此，在这种情况下，每个个体对最后的均衡状态都有影响。由在1.3.1节中介绍的平均一致算法，最终所有个体状态收敛于所有个体初始值的平均，是一种特殊的平衡状态。此时平均一致性问题意味着网络中所有个体在网络中具有相同的影响力。因此，如果要多个体达成平均一致性，那么其对应网络拓扑图除了要求是强连通的之外，还必须是平衡图。显然，如果网络拓扑图是连通的无向图，那么系统必将收敛到平均一致。另外，《自然》杂志上刊登的一项最新研究成果表明[129]，要想对大规模网络实现有效的牵制控制（pinning control）[3,130]，就必须对那些影响力大的节点，而不是度大的节点进行控制。同时，图的随机邻接矩阵的最大特征值1（或拉普拉斯矩阵的最小特征值0）所对应的左特征向量 $\boldsymbol{\pi}$ 与谷歌搜索引擎的 Pagerank[131] 算法密切相关，因为 Pagerank 是衡量网页图中网页重要性的一个重要指标，并且文献[131]的研究结果表明，分布式一致性算法和分布式 Pagerank 算法具有许多相同点。因此，虽然左特征向量 $\boldsymbol{\pi}$ 在集总式下可以方便地利用图论里的矩阵树（matrix tree）定理[120]得到，但是如何基于分布式，像实时估计出描述无向网络连通性的关键参数 λ_2 那样，实时估计出这个描述有向网络拓扑特性的关键量，最近的研究取得了初步进展。Qu 等[37]针对连续时间一阶多个体系统，提出一种分布式估计算法，并证明了该算法可以对有向切换网络的左特征向量进行实时在线估计。

如果没有任意固定时刻网络拓扑是强连通且平衡的假定，那么当有向网络切换时，所有切换网络图的拉普拉斯矩阵或随机邻接矩阵的左特征向量都会随着时间的变化而变化，这会导致网络的加权平均一致不变性[178]与平均一致不变性[139]不再成立，因而最终的一致性值将难以明确界定。文献[127]表明，此时不存在一个合适的公共二次李雅普诺夫函数可用来分析闭环系统的一致性收敛。在这种情况下，必须寻求其他的稳定性分析方法来分析闭环系统式(1.5)的一致性收敛。目前，这方面研究的最主要方法有随机矩阵遍历性反推乘积法[48,51,56]和非二次李雅普诺夫函数法[15,17]。

在 Jadbabaie 等[48]对切换拓扑一致性问题的研究结果中，针对式(1.5)所示的闭环系统，得到了比定理1.2更弱化的保证系统趋于一致性的条件。具体地说，不需要每个时刻的网络拓扑结构都保持连通，但存在一个有限时间间隔序列 $[k,k+B-1]$（$k\geqslant 0$，正整数 $B>1$），使有向联合图 $(\mathcal{V},E(k)\cup E(k+1)\cup\cdots\cup E(k+B-1))$ 是连通的，则称该切换网络拓扑集是周期连通的，且周期为 B。借助代数图论中随机矩阵遍历性反推乘积的相关结果，Jadbabaie 等得到如下重要结果。

定理 1.3[48]　考虑闭环系统式(1.5)，其中 $s_k\in J$，对应的随机矩阵集合

$\Xi=\{\boldsymbol{P}_1,\boldsymbol{P}_2,\cdots,\boldsymbol{P}_m\}$。假设切换拓扑网络是周期连通的，则$\lim\limits_{k\to\infty}\boldsymbol{x}(k)=x^*\mathbf{1}$，即系统达到一致性。

值得注意的是，Jadbabaie 等的理论分析依赖于切换网络在任意时刻都必须始终是无向的这一假定，即平均一致不变性[138]成立。这一严格假定必然造成了算法在实际应用中难以实施的巨大困难，因为在分布式网络中，数据丢包等通信因素或不同的个体具有不同的感知范围，所以双向信息传输在实际中往往很难实现。此外，由于网络时刻切换，导致加权平均一致不变性[177]与平均一致不变性[138]往往不再成立，多个体系统最终收敛的一致性值 x^* 的具体数值很难确定。因为式(1.5)的迭代矩阵 $\boldsymbol{P}_{s_k}\in\Xi=\{\boldsymbol{P}_1,\boldsymbol{P}_2,\cdots,\boldsymbol{P}_m\}$是随机的，所以由随机矩阵的凸性可知[54]：在算法的每一步迭代运算中，所有个体状态均位于个体初始状态值的凸包 $\mathrm{Co}[\boldsymbol{X}(0)]$（或$[\min\limits_{1\leqslant i\leqslant N}x_i(0),\max\limits_{1\leqslant i\leqslant N}x_i(0)]$）内，因此最终的一致性值 x^* 也必定落在所有个体初始值的凸包内，即 $x^*\in\mathrm{Co}[\boldsymbol{X}(0)]$，这意味着所提出的一致性算法具有凸性。

随后，Ren 等[56]对 Jadbabaie 等[48]的结果进行了进一步改进，放宽了切换网络在任意时刻必须始终是无向的这一严格假定，同样利用随机矩阵遍历性反推乘积的相关结果，给出了一般有向切换拓扑在边有权值情形下的收敛条件。即不需要每个时刻的网络拓扑结构都保持连通，但存在一个有限时间间隔序列，使得有向联合图$[\mathcal{V},E(k)\cup E(k+1)\cup\cdots\cup E(k+B-1)]$含有一个有向生成树，网络中所有个体状态最终趋于一致。Lin 等在文献[51]中对连续闭环系统进行了进一步研究，同样利用随机矩阵遍历性反推乘积的相关结果，指出只要存在一个有限时间间隔序列，使得有向联合图$[\mathcal{V},E(k)\cup E(k+1)\cup\cdots\cup E(k+B-1)]$具有一个全局可达节点，就可让网络中所有个体的状态最终趋于相同。

此外，对闭环系统式(1.5)，Tsitsiklis 等[15,17]最早提出一种非二次李雅普诺夫函数法。如果对向量 $\boldsymbol{x}(k)=(x_1(k),\cdots,x_N(k))^{\mathrm{T}}$ 定义如下最大和最小变量

$$M(k)=\max_{i\in\mathcal{V}}x_i(k),\quad m(k)=\min_{i\in\mathcal{V}}x_i(k)$$

并进一步定义

$$D(k)=M(k)-m(k),\quad \Delta R(k)=\Delta r_{\max}(k)-\Delta r_{\min}(k)$$

那么，对任意 $k\geqslant0$，$D(k)\geqslant0$ 成立。进一步，如果 $\lim\limits_{k\to\infty}D(k)=0$，则多个体系统式

(1.5)达到一致性。因此,非二次李雅普诺夫函数 $D(k)$ 描述了一致性误差,从而可以用来定量分析系统的一致性收敛[15,17,31,79],并成为分析切换网络多个体系统一致性收敛的另一个非常重要的方法。

1.4　量化一致性问题研究现状综述

早期关于网络化多个体系统的一致性问题的研究,往往侧重于网络拓扑结构对系统群体行为的影响。考虑的网络拓扑多是无向网络拓扑或有向网络拓扑、固定拓扑或切换拓扑、平衡拓扑或非平衡拓扑,具有通信时延或测量噪声干扰等情况,并且已取得了非常丰硕的成果。但需要指出的是,早期一致性研究的相关结果基本上都基于一个理想化的假定:即构成网络的个体间交互或通信的是各个个体某个状态变量的完全精确的信息。这意味着如果传输的状态变量是实值,那么要求网络通道具有无限带宽,且一致性算法能够以无限精度被执行。而实际的网络化系统具有空间分布特性,个体间通常基于远程通信和无线传感网络来实现信息共享。无线传感网络这样的数字通信网络的信道具有带宽限制,因此导致个体间传输或通信的仅是有限信道信息(数字信号),而不可能是完全精确的信息[132-136];同时通信的不可靠可能会导致随机的丢包和时延,从而降低系统的性能,甚至导致无法预料的结果。因此,研究基于有限信道信息通信的网络化动态系统的分布式协调机制,是网络化多个体系统理论应用于实际所无法回避的重要问题,受到国内外学者的密切关注。例如,复杂环境下的多移动机器人群的搜救与探测问题,此时不仅网络拓扑结构在变化(通信拓扑受限),而且个体间的信息传输受无线通信网络带宽限制(通信的信息受限,即有限信道信息)。基于有限信道信息通信的网络化系统的分布式协调具有显著的特点,融合了控制理论(control theory)、信息理论(information theory)和网络理论(network theory),体现了控制领域朝着系统集成化、控制分散化、节点智能化、结构网络化的发展趋势(图 1.2)。这与传统的控制理论有着本质的不同,也有别于目前关于单个系统的网络控制系统(network control systems)的研究。

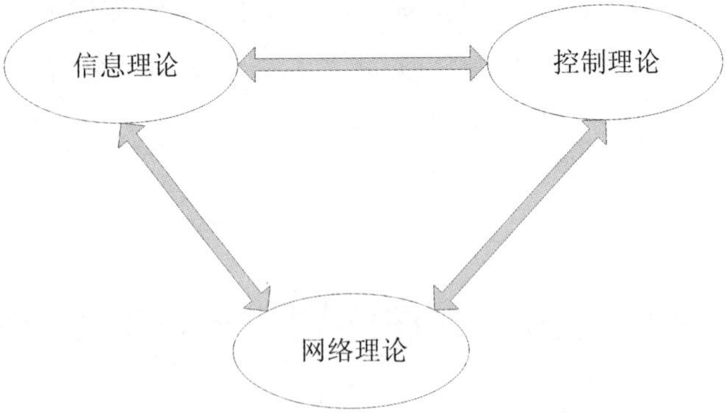

图 1.2　分布式量化一致性算法

文献[137]对卡尔曼在 1960 年的工作作了总结和详述，当时人们往往把量化信息视为量化对象(即要传输的信息变量)的近似，而量化误差则被粗略地视为一个白噪声过程。但随着研究的深入，特别是随着无线通信网络的出现，人们把网络作为被控对象，与控制器间的信号传输媒介形成闭环控制回路，由此导致的经由有限信道信息传输引起的反馈控制的局限性，促使人们开始用新的视角来研究“量化”。已有的研究结果表明，要实现对有限信道信息通信的单个个体的线性系统的量化镇定，必须要求信道容量超过系统在平衡点产生的熵[133,135]，这就是数据率定理(data rate theorem)。进一步研究后，文献[134]将通信受限下的量化控制推广到更一般的非线性系统。但这些仅局限于单个系统量化控制的结果，并不能简单、直接地推广到网络化多个体动态系统的协调控制，因为单个网络系统量化控制的平衡点是一个孤立的点，而网络化多个体系统的平衡点一般是一个流形，并且这个流形与网络拓扑结构密切相关，这也意味着信息通道容量的选择同样和网络拓扑结构、个体数量密切相关，并对网络群体行为能否协调一致以及收敛速度产生重要影响。到目前为止，常用的量化策略有对数量化策略、静态/动态一致量化策略与概率量化策略等。按量化器的量化水平集是具有无限的元素或有限的元素，将量化器区分为无限水平量化器和有限水平量化器；按量化水平集是否关于原点对称，量化器又区分为对称量化器和非对称量化器。此外，量化器还区分为静态量化器和动态量化器，前者本质上是一个具有无记忆性的非线性函数，而后者具有记忆性，因此虽然比前者更复杂，但却更有效。

1.4.1 离散时间量化一致性算法分析

如前文所述，网络通道带宽有限是影响网络化系统性能的瓶颈之一。文献[90,99,136]显示，有限带宽受限的网络化多个体系统的个体间通信可以视为这样一个过程：在每次采样过程中，信息发送个体 j 利用一个编码器(encoder)对自身状态变量 x_j 进行编码运算后，沿着数字通道发出符号码(symbolic data) Δ_j；当其邻居(信息接收个体 i)接收到这个符号码 Δ_j 后，将利用自身携带的解码器(decoder)对发送个体 j 的真实状态变量 x_j 进行解码，得到个体 j 的估计状态 $\hat{x}_{ji}$，并进行迭代，最终实现群体的宏观协调一致(图 1.3)。以上的量化通信过程实际上包含信息的编码、传递、解码三个步骤，而编码与解码都会涉及"量化"。因此，"量化"在个体间的有限信道信息通信中扮演着非常重要的角色。

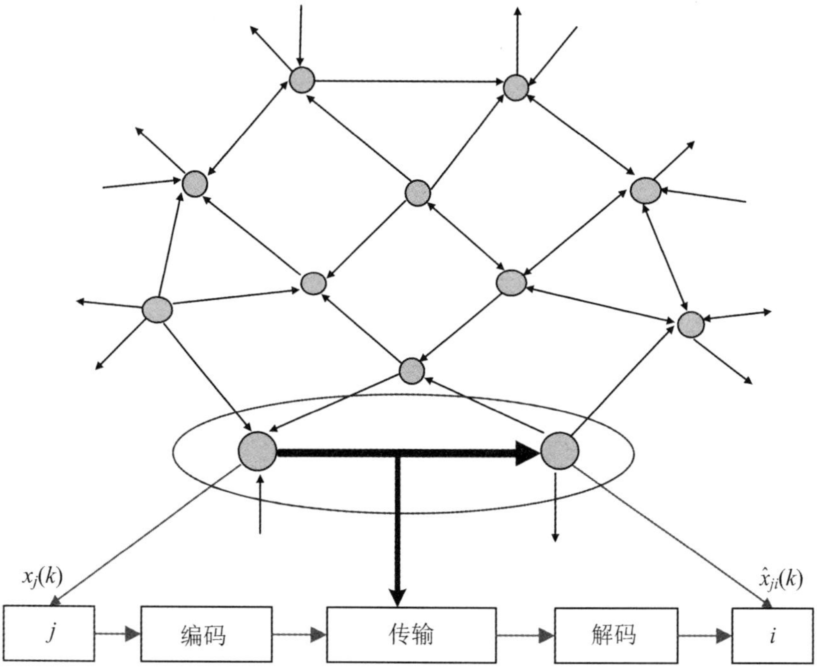

图 1.3 量化协调

综上所述，基于量化信息通信的网络化系统的分布式协调过程，其实包含着通信策略和耦合迭代策略这两部分，而通信策略涉及各种复杂的确定性或随机量化算法，其引入是区别于已有网络化系统分布式协调控制研究的重要标志，当然这也给设计和分析带来了巨大挑战(图 1.4)。信息量化过程在本质上是一个非线性映射过程，是将连续的状态空间映射到离散的信息符号码集合。此外，个体间又通过线性或非线性信息传递关系耦合在一起并构成网络。

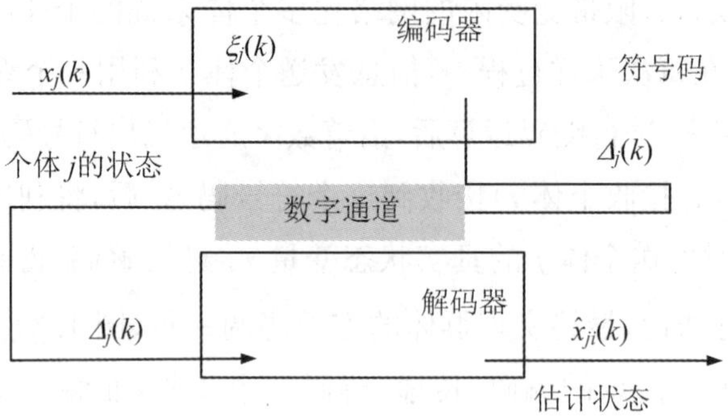

图 1.4　量化通信

基于上述的量化信息通信一般会涉及所采用的量化策略的设计问题，即涉及量化器参数如何选取的问题。受单个系统量化控制启发，通过设计合适的无限水平静态对数量化器的参数和具有有限水平动态一致量化器的参数，Carli 等[99]最早对固定拓扑的无向网络量化一致性问题展开研究，得到了网络达到平均一致时两种量化器参数与无向网络拓扑结构参数间的定量关系，尤其是提出了基于节点的有限水平动态一致量化策略。同时，文献[98,99]显示，要得到较高的协调收敛速度，必须以牺牲网络通道带宽为代价。中国科学院的李涛、张纪峰等的研究进一步表明[91]，通过设计合适的有限水平动态一致量化策略，固定拓扑的无向网络中的任意邻居个体仅需互惠地互发 1 比特或 3 量化水平的量化信息，就足以确保网络达到平均一致，并给出了系统收敛速度与信道的量化水平精度、网络拓扑结构间的定量关系[92]。经过进一步研究，如果个体间的信息接收或发送存在通信时延，那么最大通信时延有界，李涛、谢立华等利用系统扩维的方法，证明了如果固定拓扑的无向网络中的任意邻居个体，仅需互惠地互发 1 比特量化信息，仍然足以确保网络中所有个体状态达到平均一致性[94]。针对无向网络拓扑是切换的情况，李涛、谢立华最近提出了基于边的自适应动态一致量化策略。不同于固定网络，这里每条无向边的量化器都不同，且量化器参数将随着这条边在前一时刻是否断开而作出自适应调整。文献

[92]显示,无向网络中的任意两个邻居个体,仅需互惠地互发3比特或5量化水平的量化信息,就足以确保无向网络达到平均一致性。李涛、谢立华等[93]进一步研究了无向网络离散时间二阶多个体系统的量化平均一致性问题。但需要指出的是,文献[91-95,99-101]仅讨论了无向网络情形。因此,无论无向网络拓扑是固定的或是切换的,此时设计的量化一致性算法仍都保留网络的状态平均不变性[138],这样的网络最终肯定会达到平均一致性。因而,如何保证设计的通信算法使网络的状态平均不变性得以保持,对上述文献中的量化一致性研究至关重要。并且,针对无向网络的量化平均一致性的收敛性分析,都会利用无向图的代数图谱理论。此时,无向网络对应图的拉普拉斯矩阵或随机邻接矩阵是一个对称矩阵,可以很容易地变换成一个对角矩阵,其对角元素即为相应矩阵的特征谱。

同样,上述量化一致性问题的研究因为引入量化策略设计这一非线性映射过程,所以给闭环系统的一致性收敛分析带来极大的困难,且最终网络状态和平均一致性值的误差一般会与量化精度密切相关。这就促使人们考虑这样一个问题:能否不考虑具体的量化策略设计,不论这个量化策略是确定性的还是随机的,只要量化误差有界,就会对最终网络达到协调一致的精度产生影响?基于这一考虑,Murray等对固定拓扑无向网络的量化过程引入反馈补偿机制[139],使得每次迭代量化误差都有界,虽然无法保证所有个体状态最终达到平均一致性,但最终的量化误差可以被调节到期望值,当然这一点是以牺牲收敛速度为代价而获得的。Murray等提出的量化误差反馈补偿机制,涵盖了几类确定性和随机静态量化策略,但对动态一致量化策略并不适用。

量化的本质是将连续的状态空间映射到离散的信息符号码集合,并且常会涉及繁琐的量化策略设计这一非线性映射过程。为了避开这一繁琐的非线性映射过程,目前量化一致性研究的另外一种处理方式是,假定每个个体的状态仅取整数值,这样每个个体仅被视为具有量化贮存功能的存储器。Kashyap等[88]基于随机流言算法(gossip algorithm),最早研究了状态变量是整数值的固定无向网络多个体系统的量化一致性问题,由于最终稳态状态值和真实状态值最大会相差1,难以保证系统收敛到平均一致性,并会引起网络震荡的现象,这表明静态量化策略无法保证网络达到一致性。而随机流言算法是一种异步算法,虽然不要求每一步迭代所有个体都要信息交互,但具有收敛速度慢的不足[85]。因此,Lavaei[140]和Zhu[141]针对固定拓扑无向网络上个体状态仅取整数值的情形，分别独立地研究了流言量化一致性算法的收敛速度问题。对于状态变量是实值的情形，Carli 等[103]基于随机流言算法进一步讨论了在固定无向网络拓扑情形下，确定性与随机静态量化策略对系统性能的影响，并证明了在这两种量化策略下，所有个体状态只能收敛到平均一致性值的邻域内。Kar 等[90]讨论了在量化通信和随机连通失效下的平均一致性问题，假定期望的拉普拉斯矩阵具有正的代数连通度，并分别考虑了无限水平和有限水平一致量化策略情况。在信息量化之前通过施加“随机抖动”(random dither)[89]，使得量化误差成为白噪声，进而利用随机逼近法[142]。Kar 等证明了对无限水平静态一致量化策略情形，所有个体状态将以概率 1 达到平均一致性；而对有限水平静态一致量化策略情形，所有个体状态只能收敛到平均一致性值的邻域内。另外，Nedic 等考虑了切换平衡网络的量化平均一致性问题[102]，采用的是无限水平静态一致量化策略，并假定每个个体只是具有量化贮存器的功能。基于切换网络为周期强连通的前提下[102]，Nedic 等证明了所有个体将达到近似平均一致性，建立了一致性误差和量化精度间的定性关系，并讨论了达到近似一致性的收敛速度与量化精度的关系。而 Cai 和 Ishii[111]假定每个个体的量化状态仅取整数值，且在加权平均一致不变性[177]与平均一致不变性[138]不再成立的情形下，基于随机流言算法，通过对每个个体引入一个剩余(surplus)变量并将系统扩维，寻求随机切换网络所有个体达到一致性和平均一致性时的网络条件。每个个体的剩余变量主要是用来纠正该个体状态偏离期望的一致性或平均一致性。文献[111]的研究结果表明，所有个体达到一致性的充分必要条件是有向网络存在一个有向生成树或全局可达点，所有个体达到平均一致性的充分必要条件是有向网络是强连通的，文献[111]并不要求有向网络一定要对称或平衡。在此基础上，Cai 和 Ishii[112]进一步研究了有向随机切换网络随机留言量化一致性算法的收敛速度问题。

1.4.2 连续时间量化一致性算法分析

在很多实际应用中，个体动力学模型往往被描述成连续时间形式，对应地，目前连续时间多个体系统的量化一致性研究也取得了较大进展。“量化”的本质是将连续的状态空间映射到离散的信息符号码集合，这导致引入量化信息通信的连续时间闭环多个体系统在本质上是一个右端不连续的非光滑系统，其解的存在性需要在 Krasowskii、Filippov 或 Caratheodory 意义下讨论[143-146]。而 Krasowskii 意义下的解包含 Filippov 和 Caratheodory 意义下的解，以及由滑模态引起的震荡现象。不同于离散时间量化一致性算法，连续时间量化一致性算法的一致性收敛分析要复杂得多，如果再考虑量化器参数的设计问题，则闭环系统的分析将更加困难。因此，连续时间量化一致性算法的量化器多采用具有无限量化水平的静态对数量化器与静态一致量化器。

Dimarogonas 等[104]研究了个体动力学为单积分器形式的连续多个体系统的量化一致性问题，量化策略采用无限水平的静态对数量化策略和静态一致量化策略。当网络拓扑切换时，Dimarogonas 等基于混杂系统的 LaSalle 不变集原理[146]，证明了只要在一定周期间隔内切换网络存在一个有向生成树，并且对数量化器具有充分高的量化密度，则所有个体最终会达成一致。Ceragioli 等[106]采用无限水平静态一致量化策略，在 Krasowskii 意义下研究了固定平衡网络的量化一致性问题，基于混杂系统理论研究了闭环系统的收敛性，指出只有当平衡网络是无向时，所有个体状态才能收敛到平均一致性，否则所有个体状态将收敛到平均一致性值的邻域内。此外，Ceragioli 等[106]还提出迟滞量化策略(hysteretic quantization)，用于抵消引入量化所带来的震荡现象。Frasca[105]进一步研究了量化策略为静态一致量化策略的时变有向网络一致性问题，并提出了一种极限连通图概念，指出只要极限连通图具有全局可达点，则网络中所有个体将在有限时间内在 Krasowskii 意义下达到一致。而在网络拓扑固定时，所有个体状态只能收敛到一个非光滑一致性流形的邻域内，这个邻域的厚度依赖于网络中个体的数目、量化精度。陈刚等利用集值李导数理论，针对固定拓扑的无向网络和有向网络提出了一种最简单的量化一致性算法——二进制算法(binary algorithm)，指出每个有向边仅需个体的相对测量值的符号信息，即仅使用 1 比特量化器，就足以保证所有个体状态在有限时间内在 Filippov 意义下被牵制控制到指定的平衡点[96]。Cao 等[108,109]基于这种二进制算法，研究了直线上多移动机器人系统的队形控制问题。此外，Cao 及其合作者还首次研究了无向网络连续时间二阶多个体系统的量化一致性问题。文献[114]显示，当个体间的相对位置与速度信息经过对数量化器量化后，系统的性能并没有显著恶化，但一旦采用一致量化器对个体间的相对位置与速度进行量化，那么所有个体就再也无法达成一致。这意味着在对高阶连续系统的量化一致性进行研究时,必须慎重选择不同的量化策略,而这又与高阶离散时间系统的量化一致性有着根本不同。Hui[110]首次研究了非对称量化情形的固定无向网络量化一致性问题,由于量化水平集关于原点是非对称的,网络只能在有限时间内收敛到平均一致性的邻域内,即达到量化近似一致(quantised near-consensus)。

此外,人们希望利用无线通信网络对比个体动力学更复杂的网络化多个体系统进行有效控制。Spong 等[147]针对个体动力学为拉格朗日(Lagrangian)模型描述的多移动遥操作机器人群,研究了个体在无集中控制时基于无限量化信息通信的最近邻规则设计的协调控制问题。Fradkov 等[148,149]研究了基于量化信息通信、个体动力学为混沌吸引子的网络化系统的量化同步问题。因为个体的动力学复杂,同时要考虑无限水平静态一致量化器的设计,再加上缺乏有效的理论分析工具,所以在文献[148,149]中仅考虑了两个个体间观测器的同步问题,以及在星形和链状时不变网络拓扑结构的多个体系统的输出同步情况。同时,这些关于连续系统的量化一致性与量化同步问题的研究,却对因引入信息量化而造成的震荡现象缺乏深入研究。Persis[107]研究了个体动力学满足无源性条件的无向网络多个体系统的量化协调问题。

1.4.3 量化一致性存在的问题

基于有限信道信息通信的网络化多个体系统的分布式量化一致性的一个显著特点是,必须将控制理论、信息理论和网络理论综合考虑。三者之中网络理论更具有决定性的影响(图 1.1),这是因为网络拓扑决定了网络功能和行为特征。例如,电力网的拓扑影响着电力输送的鲁棒性和稳定性,而因特网的拓扑则可以影响计算机病毒的传播。从前文中我们可以看出,三者之间的结合研究已作了很好的尝试,并取得了丰硕成果。但已有的关于离散时间的多个体量化一致性研究基本上都是研究量化平均一致性,这隐含着要求对应的网络拓扑必须是有向平衡的。然而,作为平衡有向网络的一个特例,关于无向网络量化一致性的研究成果尤为丰硕,这是因为在对闭环系统进行一致性收敛分析时,这些研究成果基本上皆利用了无向图的代数图谱理论。众所周知,无向图的代数图谱理论目前已经发展得非常完善,而有向图的代数图谱理论却发展得并不完善。此外,对一般的有向切换网络来说,和基于个体状态的精确信息通信情况一样,此时网络的加权平均一致不变性[177]与平均一致不变性[138]不再成立,因而最终的一致性值难以确定。文献[111]首次对一般的有向切换网络的量化一致性展开了研究。

连续时间的量化一致性研究和离散时间的情况存在着同样的问题。虽然连续时间的一致性动力学模型在一定情况下可以简化为离散情形,但相对于离散情形,连续状态的计算机模拟更加复杂,解析和分析工作也更困难,并且有时还会得到和离散情形迥异的结论。此外,提出的量化一致性算法往往只能保证系统收敛到期望的一致性空间的邻域内,并往往会引起系统产生震荡现象。因此直到现在,相比离散情形,有关连续时间量化一致性的研究仍然不够普遍和深入。

1.5 鲁棒一致性问题现状综述

噪声干扰在现实世界中普遍存在。在实际应用中,网络经常会受到随机通信环境的影响,使得信息在通信过程中不可避免地受到各种噪声的干扰,造成系统性能恶化。这些噪声包括测量噪声、量化误差等,因此在设计一致性算法时有必要将噪声等的影响考虑在内,这样也更能反映真实的网络通信环境。因而,鲁棒一致性问题近年来受到广泛关注,相关研究取得了较为丰硕的成果。Ren 等[154]针对具有测量不确定性的多个体系统,通过引入时变控制增益设计了类似卡尔曼滤波器的一致性算法,借助随机矩阵遍历性反推乘积的相关结果,证明了其设计的一致性算法能确保所有个体达到期望的一致性。Xiao 等[155]的研究结果表明,如果不对传统的平均一致性算法进行改造,那么在受到测量噪声干扰时平均一致性算法会失效。Rajagopal 等[156]研究了具有测量噪声的无向网络平均一致性问题,提出一种带有阻尼增益的一致性算法,证明了系统的真实一致性值与期望的平均一致性值之间的误差满足高斯分布,并且指出渐近方差可以用图的拉普拉斯矩阵特征谱来界定。Noorshams 等[157]研究了对于给定的误差界,递推步长与图的拉普拉斯矩阵特征谱之间的关系。文献

[168]针对经典的 Vicsek 模型，研究了在噪声环境下的鲁棒同步性问题。针对无向信息交换和有向信息交换，分别给出了系统鲁棒同步性的充要条件。

此外，带有时变控制增益的随机逼近一致性算法是抑制多个体系统中测量噪声的一种有效方法。通过逐步降低控制增益，每个个体逐渐减小分配给邻居个体相应的边权权重，从而达到抑制邻居个体向其发送信息时带来的测量噪声。基于这个机制，针对离散时间一阶多个体系统，目前这方面已经取得了一些非常好的研究成果。基于随机李雅普诺夫稳定性理论并引入方向不变性，Huang 等[158]首次证明这种随机逼近一致性算法可以使系统达到均方一致性。对于马尔科夫跳变与任意切换的随机通信网络，Huang 等[159]同样证明了随机逼近一致性算法可以使系统达到均方一致性。而对噪声干扰下的有向网络，当对应的有向图具有一个有向生成树时，文献[160]的研究表明了其提出的随机逼近一致性算法：可使系统达到均方意义与概率意义下的一致性。Kar 等[162]针对受噪声干扰的随机切换网络提出了两种一致性算法：一种是类似于随机逼近的一致性算法，被称为 A-ND 算法；另一种是通过改造传统的一致性算法而得到的蒙特卡诺平均一致性算法，又称 A-NC 算法。在随机切换网络任意时刻都是无向的假定下，只有 A-ND 算法可以保证系统在概率意义下达到期望的平均一致性值。针对确定性切换有向平衡网络，Touri[161]基于李雅普诺夫稳定性理论提出的随机逼近一致性算法，可使系统在均方意义下达到一致。针对已有的大多数关于离散时间一阶多个体系统的鲁棒一致性研究都假定有向网络是平衡的情形，Huang 等基于矩阵变换和摄动李雅普诺夫稳定性理论，证明了只要固定或切换拓扑的有向网络具有一个有向生成树，则在其提出的随机逼近一致性算法作用下，系统就可达到均方与概率意义下的一致。在一般的随机切换有向网络具有通信时延和噪声干扰的情况下，Huang[165]利用系统扩维并借助随机矩阵遍历性反推乘积的有关结论，得到多个体系统在均方与概率意义下达到一致的充分必要条件是有向网络存在一个有向生成树。针对固定无向网络图谱的连续时间一阶多个体系统，利用概率极限理论和代数图谱理论，李涛等给出了其提出的随机逼近一致性算法确保系统达到平均一致的条件，并在此基础上进一步研究了切换无向网络的鲁棒一致性问题[164]。利用相关的随机理论分析工具和代数图谱理论，文献[166,167]分别研究了具有测量噪声的一阶和二阶多个体系统的“领导-跟随”一致性问题。

目前，关于具有测量噪声的多个体系统鲁棒一致性问题的研究远未完善，且已有的结果基本上是针对有向平衡图的情形，或者假定系统的迭代矩阵是双随机的。因此，发展新的鲁棒一致性收敛分析理论，对一般有向非平衡网络多个体系统鲁棒一致性问题展开研究，仍然是一个极具挑战性的课题。

1.6 本书的研究内容及意义

进入21世纪以来，网络化多个体系统的分布式一致性问题已被多个学科所关注，其研究内容和方法在不断地探索和发展之中。不论是在自然科学领域，还是在工程领域，抑或是在社会科学领域，学者们都从各自的学科角度阐述了对这一研究领域的理解，并将其运用到各自的研究中。

已有研究表明，有向平衡拓扑意味着网络中所有个体对网络具有相同的影响，而这往往与实际情况明显相违背。虽然，目前已经提出的一些分布式算法可以确保将一个非平衡的有向网络演化成平衡有向网络，但相比之下，平衡有向网络对设计的一致性算法有着更高的要求，这意味着通信协议会消耗额外的通信开销(communication overhead)。例如，需要信息回复或重复才能确保成对个体之间互相发送反馈信息[171]，这在实际应用中往往会带来实施方面的问题。这是因为在分布式情况下，尤其是当网络运行在非常恶劣的环境中时，会发生数据丢包或链接失效，以及不同的个体具有不同的感知范围，这些因素都会让个体间的平衡或对称信息交换变得不可能，因为个体间一般是基于单向信息交换的，这就意味着平衡网络拓扑的要求在实际应用中往往难以保证[56,87]，所以实际网络拓扑一般是有向非平衡的。因此，在实际应用中，有向网络，尤其是一般的有向非平衡网络无处不在。例如，在多移动车辆系统的编队控制中，由于不同车辆具有不同的感知范围，或者有些车辆仅配备了信息发射器或接收器，使得构成的通信网络是一个典型的有向非平衡网络。此外，文献[131]表明，由所有网页构成的网页网络也是一个典型的有向非平衡网络。有向网络、尤其是一般有向非平衡网络，不但意味着更弱的网络拓扑条件，而且意味着所设计的一致性算法不再需要额外消耗用于信息回复(acknowledgment)或重发(retransmission)等的通信开销[171]，还可以降低网络最终达到一致性时所需要的信息量，因此更经济可行，同时在不可靠通信下极大地增强了系统的鲁棒性。已有研究表明，不论网络是固定的，还是切换的，只要网络具有平衡拓扑，那么一致性算法的分析就会变得相对容易，因为无论如何最终的一致性空间是固定不变的。然而一旦网络是非平衡的，那么闭环网络化系统的一致性收敛分析将变得尤为困难。此外，Wu[153]关于有向图的代数图谱的研究表明，虽然无向图的一些代数图谱结论对有向图适用，但有向图具有其特有的更一般的结论。这就决定了目前关于无向网络的相关研究成果并不能频繁地推广到有向网络情形。因为对有向网络，尤其是对一般的有向非平衡网络一致性相关问题的研究，既有极强的实际应用背景，又对理论分析提出了极大挑战，所以一直是研究的难点，也是研究的热点。

基于量化息通信的网络化多个体系统的量化一致性问题，作为近两年来多个体系统研究的一个新的热点课题而备受关注，且具有重要的军事价值。各种现实问题表明，对基于量化信息通信的有向网络多个体系统进行系统化研究十分必要，特别是在非常恶劣的环境中运行网络，这是多个体系统理论在实际应用时无法回避的问题。此外，在实际中网络通信常会受到通信环境的影响，不可避免地受到各种噪声的干扰，因此在设计一致性算法时有必要将测量噪声的影响考虑在内，这样也更能反映真实的网络通信环境。

综上，研究有向网络多个体系统的量化和鲁棒一致性问题，既有理论价值，也有很强的实际应用价值。对其展开深入研究，不仅可以深化人们对复杂性科学的认识，还有助于人们加深对各种群体现象内在机理的理解，并有利于解决各种实际问题。

各章的主要研究内容如下。

第 1 章：重点介绍了基于精确信息通信、基于量化信息通信和带有噪声干扰信息通信等一致性问题的研究进展。

第 2 章：概述了网络化多个体系统一致性问题研究中的图论基本知识。

第 3 章：基于无限水平静态对数量化策略，研究了有向强连通非平衡网络的加权平均一致性问题。通过理论分析，得到系统达到加权平均一致性时，对数量化器精度参数与非平衡网络强连通网络拓扑参数之间的定量关系。进而利用矩阵变换和李雅普诺夫稳定性理论，将系统的一致性收敛条件用一个易于检验的线性矩阵不等式来描述，并清晰地揭示了网络最终的一致性值对有向网络拓扑的依赖关系。本章研究结果弥补了已有的相关结论高度依赖无向图谱理论和对称矩阵分解理论的不足。

第4章:采用有限水平动态一致量化策略,对有向强连通非平衡网络的加权平均一致性进行了研究。所得结论表明,只要合适地选取动态一致量化器的参数,有向强连通网络中的每个个体在每一时刻,仅需向其任一邻居个体非互惠地发送1比特量化信息,同时向其自身发送1比特量化信息,则所提出的量化一致性算法就足以保证网络指数收敛到加权一致性。而当有向网络是平衡网络时,所得结果即退化为平均一致性情形。此外,本章在进行量化一致性收敛分析时构造的广义二次李雅普诺夫函数,充分利用了强连通非平衡图对应的随机邻接矩阵最大特征值所伴随的左特征向量,揭示了网络拓扑特性。

第5章:研究了有向切换网络的量化一致性问题。对一般的有向非平衡切换网络来说,其系统迭代矩阵最大特征值对应的左特征向量,会随着网络拓扑的变化而改变,因此已有的基于系统迭代矩阵有一个公共左特征向量的相关量化一致性分析方法便不再适用。针对切换网络不同数字通道,我们设计了不同的有限水平自适应动态一致量化器,通过利用非二次李雅普诺夫函数法,并结合输入到输出稳定性理论分析了闭环系统的一致性收敛。理论分析表明,在提出的量化一致性算法作用下,有向周期强连通切换网络中的每个个体在每一时刻,仅需非互惠地向其任一邻居个体发送3比特量化信息,同时向其自身发送1比特量化信息,就足以确保有向切换网络指数地收敛到一致性。并对最终的一致性值进行了讨论。

第6章:研究具有测量噪声干扰的有向强连通网络鲁棒一致性问题。在提出的随机逼近一致性算法中,通过引入时变控制增益来抑制信息通信中的测量噪声。在假定随机邻接矩阵具有正对角元素但非双随机的条件下,利用李雅普诺夫稳定性理论得到:在提出的随机逼近一致性算法作用下,网络中所有个体最终达到均方意义下的一致性,并进一步分析了这个随机变量的统计特性。构造的广义二次李雅普诺夫函数,不再基于已有文献中的二次李雅普诺夫函数构造必须要求有向网络拓扑是平衡的这一关键假定。

第7章:总结并指出未来值得研究的一些问题。

第 2 章　图论相关知识

2.1 引　　言

图是研究事物及事物之间关系的科学。任何一个可以用二元关系来描述的研究对象，都可以用图来建模。因此，对于一个多个体系统，很自然地就会想到把个体以及个体之间的信息通信拓扑建模为图。图论[118-120]是分析一致性问题的重要工具。本章将简单地介绍一下图论和矩阵中的相关预备知识及一些相关的定义、术语，更详细的内容或未尽内容可以参见相关文献，如文献[121-123]等。

2.2　图的相关概念与记号

图(graph)是一组点和边的集合。通常用图 $G=(\mathcal{V},E)$ 来表示一个有向网络,其中非空集合 $\mathcal{V}=\{1,2,\cdots,N\}$ 表示节点的集合,一个节点表示一个个体,因此 N 表示网络中的个体数目;$E=\{e_{ij}=(i,j)\mid i,j\in\mathcal{V}\}$ 表示由节点对组成的边的集合,边 $e_{ij}=(i,j)\in E$ 表示第 i 个和第 j 个个体之间有信息传递。在本书中,除非特别说明,我们将不加区别地用信道、通道和边来表示个体间的信息通信。在无向图中,节点对一般是无序的,这意味着任意节点对之间的连边没有方向,因此对任意 $i\neq j$,$e_{ij}\in E\Leftrightarrow e_{ji}\in E$。然而,对有向图来说,第 i 个节点有边指向第 j 个节点并不代表第 j 个节点一定有边指向第 i 个节点,即边是有向的。因此,对有向图来说,$e_{ij}\in E$ 并不意味着 $e_{ji}\in E$ 一定成立。

若有向图 G 中的有序节点序列$(i_1,i_2,\cdots,i_r)$满足 $e_{i_j i_{j+1}}\in E$,其中 $j\in\{1,\cdots,r-1\}$,则称这个有序节点序列$(i_1,i_2,\cdots,i_r)$为有向图 G 中的一条有向路径或强路径。若有序节点序列$(i_1,i_2,\cdots,i_r)$满足 $e_{i_j i_{j+1}}\in E$ 或者 $e_{i_{j+1} i_j}\in E$,其中 $j\in\{1,\cdots,r-1\}$,则称这个有序节点序列$(i_1,i_2,\cdots,i_r)$为有向图 G 中的一条弱路径。如果有向图 G 中任意不同的两个有序节点(注意节点对(i,j)和(j,i)的顺序是不同的)之间存在一条强路径,则称图 G 是强连通的。如果有向图 G 中任意两个有序节点之间有一条弱路径相连,则称图 G 是弱连通的。因此,对无向图来说,强连通和弱连通是等价的。

对于有向图 G 中任一节点 i,指向节点 i 的边的数目称为 i 的入度;同理,从节点 i 出发的边的数量称为 i 的出度。如果 $e_{ji}=(j,i)\in E$,节点 j 向节点 i 发送信息,因而可以影响节点 i,那么称节点 j 是节点 i 的入度邻居。由此定义节点 i 的入度邻居集合为 $N_i=\{j\mid e_{ji}=(j,i)\in E,j\in\mathcal{V},i\neq j\}$。类似地可以定义节点 i 的出度邻居集合。对无向图来说,入度邻居集合和出度邻居集合是一回事,但对有向图则不然;且对有向图来说,节点的入度邻居集合更为重要,这是因为每个个体的入度邻居联合影响了该个体的行为。如果有向图中每个节点的入度邻居集合随着时间的变化而时刻变化,则其对应的有向网络拓扑应称为切换的;否则,其对应的有向网络拓扑应称为固定的或时不变的。

对于有向图 $G=(\mho,E)$ 的一个子图 $G_r=(\mho,E_r)$,其中 $E_r\subseteq E$,如果子图 G_r 中除一个入度为 0 的节点外,其余节点的入度均为 1,并且从入度为 0 的节点都可以通过一条有向路径到达图中其他所有的节点,则称该子图 G_r 为 G 的一个有向生成树,入度为 0 的节点称为有向生成树的根或根节点。在有向图 G 中,如果存在从节点 i 到节点 j 的有向路径,则称节点 j 是节点 i 可达的。对于节点 i,如果从图中其他任意节点到节点 i 的有向路径都存在,则称节点 i 为有向图 G 的一个全局可达的节点。值得注意的是,有向图 G 具一个有向生成树等价于有向图 G 中至少有一个全局可达节点。已有研究结果表明[50,56],有向网络具有(对于切换网络则要求在一定周期内具有)一个有向生成树是网络中所有个体能够达成一致性所要求的最弱的网络拓扑条件。在"领导-跟随"一致性算法研究中,有向生成树的根节点常被设计为领导者个体。

为了进一步描述加权有向图中节点与边之间的关系,我们引入图的邻接矩阵 $\boldsymbol{A}=(a_{ij})_{N\times N}$。其中边权 $a_{ij}>0$ 意味着 $e_{ji}=(j,i)\in E$,即个体 j 非互惠地(unreciprocally)向个体 i 发送信息,且赋予信息的权重或可信度为 a_{ij},否则 $a_{ij}=0$。如果当 $i\neq j$ 时,$a_{ij}\neq 0$ 且 $a_{ji}\neq 0$,则称个体 i 和 j 是互惠耦合的(reciprocal coupled)。但互惠耦合并不意味着 a_{ij} 一定等于 a_{ji}。若对一切 $i\neq j$,$a_{ij}\neq 0$ 且 $a_{ji}\neq 0$ 同时成立,则称有向网络是互惠的。

一个加权有向图 G 中节点 i 的入度和出度分别定义为

$$\mathrm{deg_{in}}(i)=\sum_{j=1,i\neq j}^{N}a_{ij} \tag{2.1}$$

$$\mathrm{deg_{out}}(i)=\sum_{j=1,i\neq j}^{N}a_{ji} \tag{2.2}$$

则入度矩阵为

$$\boldsymbol{D}_{\mathrm{in}}=\mathrm{diag}(\mathrm{deg_{in}}(1),\cdots,\mathrm{deg_{in}}(N))$$

类似地,出度矩阵为

$$\boldsymbol{D}_{\mathrm{out}}=\mathrm{diag}(\mathrm{deg_{out}}(1),\cdots,\mathrm{deg_{out}}(N))$$

如果对任意节点 $i\in\mho$ 成立

$$\mathrm{deg_{in}}(i)=\mathrm{deg_{out}}(i) \tag{2.3}$$

则加权有向图 G 称为平衡有向图。

无权图和无向图的定义如下:

(1) 一个加权有向图 G 称为无权图,如果对任意非零边权 $a_{ij}>0$,有$a_{ij}=1$。

(2) 一个加权有向图 G 称为无向图或对称图,如果对所有 $i,j\in \mho$且 $i\neq j$,有 $a_{ij}=a_{ji}$。因此,无向图的邻接矩阵 $\boldsymbol{A}$ 是对称的。

(3) 一个加权有向图 G 称为简单图,如果图 G 是无权无向的,且不包含自环和重边。

显然,无向图和简单图都是平衡图。

此外,图的拉普拉斯矩阵 $\boldsymbol{L}=(l_{ij})_{N\times N}$是另外一种描述点与边之间关系的矩阵,其元素 l_{ij} 定义为

$$l_{ij}=\begin{cases}\displaystyle\sum_{k=1,k\neq i}^{N}a_{ik}, & i=j\\ -a_{ij}, & i\neq j\end{cases}\tag{2.4}$$

不论是有向图还是无向图,因为对应的拉普拉斯矩阵 $\boldsymbol{L}$ 的每一行的和均为 0,所以 0 是 $\boldsymbol{L}$ 的一个特征值,其对应的右特征向量为 $\mathbf{1}=(1,1,\cdots,1)^{\mathrm{T}}\in\mathbf{R}^{N}$。另外,无向图的拉普拉斯矩阵 $\boldsymbol{L}$ 是对称的。同时,式(2.4)意味着存在关系式 $\boldsymbol{L}=\boldsymbol{D}_{\mathrm{in}}-\boldsymbol{A}$。因此,对加权有向图 G 可得归一化的邻接矩阵,记为 $\bar{\boldsymbol{A}}=(\bar{a}_{ij})_{N\times N}=\boldsymbol{D}_{\mathrm{in}}^{-1}\boldsymbol{A}$。注意,这里如果 G 中某一节点 i 的入度为零,我们仍记$(\deg_{\mathrm{in}}(i))^{-1}=0$。

到目前为止,上面的定义并没有考虑加权有向图 G 具有自环的情形。为了反映网络中某些个体可以获得自身信息这一事实[15,48],本书中的有向图 G 允许存在自环。此外,因为本书主要分析的是多个体系统的离散时间模型,所以为了便于利用已有关于非负矩阵[124],尤其是随机矩阵的一些性质,我们将统一采用邻接矩阵来描述有向网络的通信拓扑。并且,为了和上面没有考虑自环情形的邻接矩阵 $\bar{\boldsymbol{A}}$ 相区别,本书将统一用$\boldsymbol{W}=(w_{ij})_{N\times N}$来表示具有自环情形的邻接矩阵。因此,$e_{ii}\in E(i\in \mho)$表示第 i 个个体可以获得其自身信息,这意味着 $w_{ii}>0$。此时,类似式(2.1)和式(2.2),可以定义一个带有自环的加权有向图 G 中节点 i 的入度和出度:

$$\deg_{\mathrm{in}}(i)=\sum_{j=1}^{N}w_{ij}\tag{2.5}$$

$$\deg_{\mathrm{out}}(i)=\sum_{j=1}^{N}w_{ji}\tag{2.6}$$

图 2.1 所示为一个由 6 个节点组成的无自环有向无权网络,显然这是一个弱连通的非平衡网络。

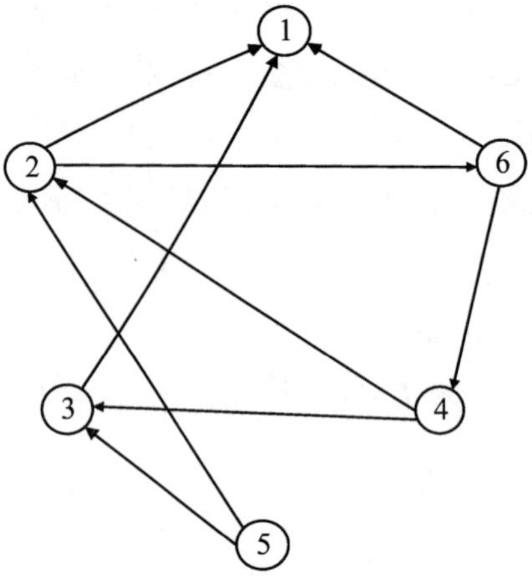

图 2.1　具有 6 个节点的有向网络

其对应的邻接矩阵、入度矩阵、拉普拉斯矩阵和归一化的邻接矩阵分别为

$$
\boldsymbol{A}=\begin{pmatrix}0&1&1&0&0&1\\0&0&0&1&1&0\\0&0&0&1&1&0\\0&0&0&0&0&1\\0&0&0&0&0&0\\0&1&0&0&0&0\end{pmatrix},\quad \boldsymbol{D}_{\text{in}}=\begin{pmatrix}3&0&0&0&0&0\\0&2&0&0&0&0\\0&0&2&0&0&0\\0&0&0&1&0&0\\0&0&0&0&0&0\\0&0&0&0&0&1\end{pmatrix}
$$

$$
\boldsymbol{L}=\begin{pmatrix}3&-1&-1&0&0&-1\\0&2&0&-1&-1&0\\0&0&2&-1&-1&0\\0&0&0&1&0&-1\\0&0&0&0&0&0\\0&-1&0&0&0&1\end{pmatrix},\quad \bar{\boldsymbol{A}}=\begin{pmatrix}0&\frac{1}{3}&\frac{1}{3}&0&0&\frac{1}{3}\\0&0&0&\frac{1}{2}&\frac{1}{2}&0\\0&0&0&\frac{1}{2}&\frac{1}{2}&0\\0&0&0&0&0&1\\0&0&0&0&0&0\\0&1&0&0&0&0\end{pmatrix}
$$

图 2.2 所示为一个由 4 个节点组成的带有自环的有向有权网络，显然这是一个强连通的非平衡网络。

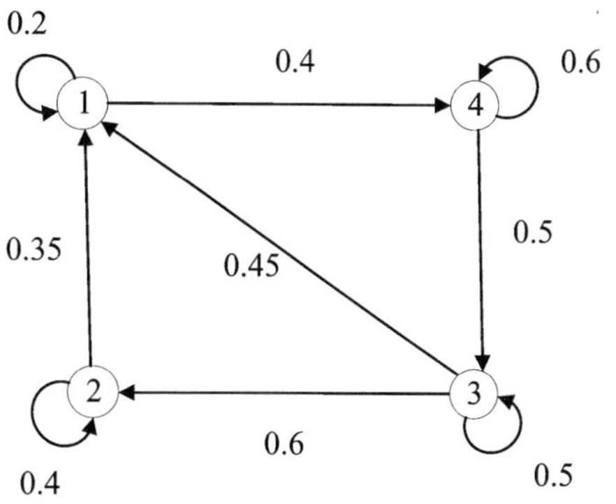

图 2.2　具有 4 个节点的有向网络

其对应的邻接矩阵为

$$\boldsymbol{W}=\begin{pmatrix}0.2 & 0.35 & 0.45 & 0\\ 0 & 0.4 & 0.6 & 0\\ 0 & 0 & 0.5 & 0.5\\ 0.4 & 0 & 0 & 0.6\end{pmatrix}$$

2.3　与图论有关的矩阵理论

拉普拉斯矩阵和随机邻接矩阵的一些性质对于研究一致性问题非常重要。

定理 2.1[120]　包含 N 个节点的强连通有向图 G，其拉普拉斯矩阵的秩满足 $\mathrm{rank}(\boldsymbol{L})=n-1$。

推论 2.1[120]　(1) 0 是拉普拉斯矩阵 $\boldsymbol{L}$ 的特征值，并且 $\mathbf{1}=(1,1,\cdots,1)^{\mathrm{T}}\in\mathbf{R}^N$ 为其对应的右特征向量。

(2) 如果有向图 G 是强连通的，则 0 为拉普拉斯矩阵 $\boldsymbol{L}$ 的代数重数为 1 的特征值，也称简单特征值。

(3) 如果有向图 G 是连通的且无向的，则拉普拉斯矩阵 $\boldsymbol{L}$ 是对称的和半正定的。其所有的特征值都是非负实数，并可以写成

$$0=\lambda_1(\boldsymbol{L})<\lambda_2(\boldsymbol{L})\leqslant\cdots\leqslant\lambda_n(\boldsymbol{L})$$

此时,$\boldsymbol{L}$ 的第二小特征值 $\lambda_2(\boldsymbol{L})$ 称为该图的代数连通度(algebraic connectivity)[119]。同时,$\lambda_2(\boldsymbol{L})>0$ 当且仅当图 G 是一个连通图。

(4) 如果有向图 G 是平衡的,则 $\mathbf{1}=(1,1,\cdots,1)^{\mathrm{T}}\in\mathbf{R}^N$ 也是拉普拉斯矩阵 $\boldsymbol{L}$ 的特征值 0 所对应的左特征向量。

在分析离散一致性算法时,相关的非负矩阵知识非常有用。以下我们列出本书将用到的有关非负矩阵的主要性质,具体可参见文献[124]。

对于矩阵 $\boldsymbol{W}=(w_{ij})_{N\times N}$,如果其所有元素满足 $w_{ij}\geqslant 0$,则矩阵 $\boldsymbol{W}$ 为非负的。如果非负矩阵 $\boldsymbol{W}$ 的每一行的和均为 1,则矩阵 $\boldsymbol{W}$ 为随机矩阵。进一步,如果 $\boldsymbol{W}^{\mathrm{T}}$ 也是随机的,则矩阵 $\boldsymbol{W}$ 为双随机矩阵。根据式(2.5)和式(2.6)及文献[49,121]可知,非负矩阵 $\boldsymbol{W}$ 为双随机的,当且仅当其对应的加权有向图 G 是平衡图。而非负矩阵 $\boldsymbol{W}$ 为随机的,意味着其对应的加权有向图 G 是非平衡图。显然,有向网络拓扑包含平衡拓扑和非平衡拓扑两种情形,且并非有向网络中所有个体均具有自环。本书将着重研究所有个体均具有自环的非平衡有向网络多个体系统的一致性问题。

如果随机矩阵 $\boldsymbol{W}$ 满足[125]

$$\lim_{k\to\infty}\boldsymbol{W}^k=\mathbf{1}\boldsymbol{v}^{\mathrm{T}} \tag{2.7}$$

式中,$\mathbf{1}=(1,1,\cdots,1)^{\mathrm{T}}\in\mathbf{R}^N$,则称该矩阵不可分解且非周期。

矩阵的可约性也是一个重要概念。在给出可约性定义之前,我们先了解一下置换矩阵。

定义 2.1[121] 置换矩阵(permutation matrix)是对单位矩阵进行相同的行和列置换而得到的矩阵,置换矩阵的每一行和每一列都只包含一个 1,其他元素均为 0。

定义 2.2[121] 一个 $N\times N$ 矩阵 $\boldsymbol{W}$ 称为可约的,当且仅当存在一个置换矩阵 $\boldsymbol{P}$,将矩阵 $\boldsymbol{W}$ 变换成如下的下三角形式:

$$\boldsymbol{W}=\boldsymbol{P}\begin{pmatrix} * & \mathbf{0} \\ * & * \end{pmatrix}\boldsymbol{P}^{\mathrm{T}} \tag{2.8}$$

式中,“ * ”表示非零矩阵,否则矩阵 $\boldsymbol{W}$ 是不可约的。

一个非负矩阵的可约性与以该非负矩阵为邻接矩阵的有向图之间具有如下关系。

定理 2.2[121] 给定一有向图 G 及其对应的邻接矩阵 $\boldsymbol{W}$,邻接矩阵 $\boldsymbol{W}$ 是不可约的,当且仅当该有向图是强连通的。

经典马尔科夫链的相关研究结论[126]表明，随机矩阵具有很好的性质。

定理 2.3[121]　随机矩阵 $\boldsymbol{W}=(w_{ij})_{N\times N}$，设其特征值为 $\lambda_i(\boldsymbol{W})(i=1,2,\cdots,N)$，则

(1) $|\lambda_i(\boldsymbol{W})|\leqslant 1(i=1,2,\cdots,N)$，即随机矩阵 $\boldsymbol{W}$ 的特征值均位于以原点为圆心的单位圆内或单位圆上。

(2) 1 是随机矩阵 $\boldsymbol{W}$ 的最大特征值，并且 $\mathbf{1}=(1,1,\cdots,1)^{\mathrm{T}}\in\mathbf{R}^N$ 为其对应的右特征向量。

(3) 存在一个非负的归一化向量 $\boldsymbol{\pi}=(\pi_1,\pi_2,\cdots,\pi_N)^{\mathrm{T}}$ 为随机矩阵 $\boldsymbol{W}$ 的最大特征值 1 所对应的左特征向量，其中 $\pi_i\geqslant 0(i=1,2,\cdots,N)$，即 $\boldsymbol{\pi}^{\mathrm{T}}\boldsymbol{W}=\boldsymbol{\pi}^{\mathrm{T}}$ 且 $\boldsymbol{\pi}^{\mathrm{T}}\mathbf{1}=1$。

此外，下面的定理在离散时间一致性分析中有着非常重要的作用。

定理 2.4[121]　如果随机矩阵 $\boldsymbol{W}$ 不可约，则 1 是 $\boldsymbol{W}$ 的简单特征值，并且存在唯一一个正的单位向量 $\boldsymbol{\pi}=(\pi_1,\pi_2,\cdots,\pi_N)^{\mathrm{T}}$ 为 1 对应的左特征向量，即 $\pi_i>0(i=1,2,\cdots,N)$，且满足 $\boldsymbol{\pi}^{\mathrm{T}}\boldsymbol{W}=\boldsymbol{\pi}^{\mathrm{T}}$ 和 $\boldsymbol{\pi}^{\mathrm{T}}\mathbf{1}=1$。进一步，若 $\lim\limits_{k\to\infty}\boldsymbol{W}^k=\mathbf{1}\boldsymbol{\pi}^{\mathrm{T}}$ 成立，则不可约随机矩阵 $\boldsymbol{W}$ 为本原矩阵。

为了对不同网络拓扑有个直观了解，图 2.3 为不同网络拓扑的关系示意图，其中无向网络（也称对称耦合网络）是平衡耦合网络与互惠耦合网络的交集。

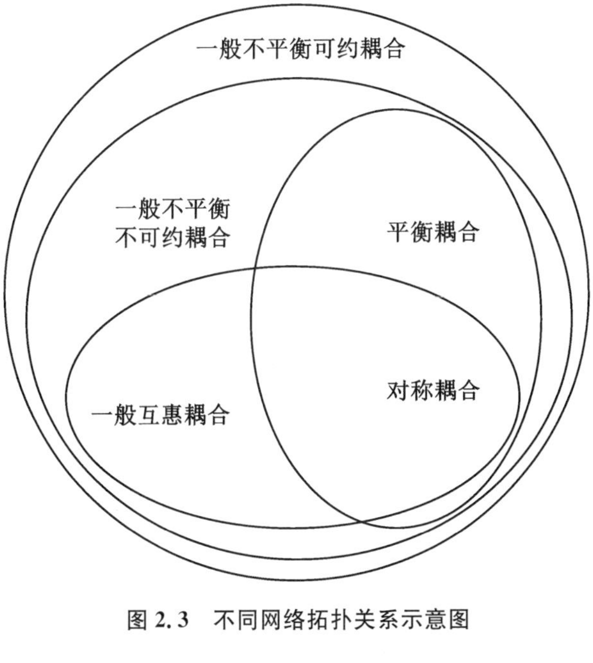

图 2.3　不同网络拓扑关系示意图

第 3 章　基于对数量化策略的有向网络多个体系统一致性研究

3.1　引　　言

在过去十多年中，学者们已经从各个方面对网络化多个体系统的一致性进行了广泛研究，并取得了很大的进展。受物理限制，实际通信网络的数字通道具有有限带宽，网络中个体间的信息流在发送给其邻居个体之前就要进行量化，这使得网络中的个体间只能基于量化信息进行通信。因此，如何设计有效的量化一致性算法，使得网络化多个体系统仅基于有限信道信息通信就可出现期望的群体行为，成为最近两年来多个体系统研究的一个新热点课题而备受关注。文献[100]针对连通的无向网络，分析了基于无限水平静态对数量化策略的平均一致性问题，本章将文献[100]的结果推广到更一般的强连通有向网络情形。虽然本章利用了和文献[100]同样的对数量化策略，但本章结论并不是文献[100]相关结论的简单推广。这是因为文献[100]中的结论主要依托于无向图的代数图谱理论和对称矩阵的分解，而当网络拓扑是有向时，其对应的图的拉普拉斯矩阵或随机邻接矩阵不再是对称矩阵，因此不能完全对角化。此外，文献[153] 指出目前有向图的代数图谱理论发展得并不完善。为了克服这一技术难点，本章中我们主要利用矩阵变换和李雅普诺夫稳定性理论来讨论闭环系统的一致性收敛，并用一个易于验证的线性矩阵不等式[170]来描述闭环系统的一致性收敛条件。

3.2　问题描述

考虑一个个体集合为$\mho=\{1,2,\cdots,N\}(N\geqslant 2)$的网络化多个体系统，其中每个个体具有的一阶积分器形式的动力学方程为

$$x_i(k+1)=x_i(k)+u_i(k),\quad k=0,1,2,\cdots,\quad i=1,2,\cdots,N \tag{3.1}$$

式中，$x_i(k)$表示个体$i(i\in\mho)$在k时刻的状态，$u_i(k)$是待设计的关于个体i的控制输入。

本章分析的网络拓扑为固定有向强连通情形。个体间的信息交换拓扑可以用一个有向图$G=(\mho,E)$来表示，其中非空集合$\mho=\{1,2,\cdots,N\}$表示节点集合，一个节点表示一个个体，N表示网络中个体的数目。$E=\{e_{ij}=(i,j)\mid i,j\in\mho\}$表示由节点对组成的边的集合，有向边$e_{ij}=(i,j)\in E$表示个体$i$向个体$j$传递信息。$N_i=\{j\mid j\in\mho,i\neq j\}$表示个体$i$的入度邻居集合。$\boldsymbol{W}=(w_{ij})$为有向图$G$对应的随机加权邻接矩阵，$e_{ij}=(i,j)\in E$意味着$w_{ji}>0$，否则$w_{ji}=0$。$e_{ii}\in E(i\in\mho)$表示第$i$个个体可以获得其自身信息，这意味着$w_{ii}>0(i\in\mho)$。若有向图$G$中的有序节点序列$(i_1,i_2,\cdots,i_r)$满足$e_{i_ji_{j+1}}\in E$，其中$j\in\{1,\cdots,r-1\}$，则称这个有序节点序列$(i_1,i_2,\cdots,i_r)$为有向图$G$中的一条有向路径或强路径。若有向图$G$中任意不同的两个有序节点之间都存在一条强路径，则称图G是强连通的。

为便于后续分析，现对有向网络以及描述有向网络拓扑结构的随机邻接矩

阵 $\boldsymbol{W}$ 作如下假定。

假设 3.1 有向图 G 是强连通的，其对应的邻接矩阵 $\boldsymbol{W}$ 具有正的对角元，即所有 $w_{ii}=1-\sum_{j\in N_i}w_{ij}>0(i=1,\cdots,N)$；对任意 $i\neq j$，当且仅当边 $e_{ji}=(j,i)\in E$ 时 $w_{ij}>0$ 成立。

假设 3.1 意味着所有个体本身都具有一个自环，这反映出所有个体能够获得自身信息，而 $w_{ii}(k)>0$ 则说明所有个体对其自身的信息赋予了更高的可信度。

由 Perron-Frobenius 定理[121]可知：若邻接矩阵 $\boldsymbol{W}$ 是一个具有正对角元素的随机矩阵，为确保其相对应的有向网络 $G=(\mathcal{V},E)$ 是强连通的，那么 1 是 $\boldsymbol{W}$ 的代数重数唯一的最大特征值，且特征值 1 存在唯一一个正的归一化左特征向量 $\boldsymbol{\pi}=(\pi_1,\cdots,\pi_N)^{\mathrm{T}}$，满足

$$\boldsymbol{\pi}^{\mathrm{T}}\boldsymbol{W}=\boldsymbol{\pi}^{\mathrm{T}},\quad \boldsymbol{\pi}^{\mathrm{T}}\mathbf{1}=\sum_{i=1}^{N}\pi_i=1 \tag{3.2}$$

和

$$\lim_{k\to\infty}\boldsymbol{W}^k=\mathbf{1}\boldsymbol{\pi}^{\mathrm{T}} \tag{3.3}$$

本章研究的问题是：强连通有向网络的个体之间基于量化信息通信，其中的量化算法采用的是无限水平静态对数量化策略，我们如何给出适当的对数量化器参数设计准则，使得对任意给定的初始状态 $x_i(0)(i\in\mathcal{V})$，在提出的分布式量化通信算法 $u_i(k)$ 作用下，多个体系统式(3.1)能最终实现加权平均一致性

$$\lim_{k\to\infty}\boldsymbol{x}(k)=\Big(\sum_{i=1}^{N}\pi_i x_i(0)\Big)\mathbf{1} \tag{3.4}$$

即所有个体状态最终收敛到它们初始状态的加权平均值。其中 $\boldsymbol{x}(k)=(x_1(k),\cdots,x_N(k))^{\mathrm{T}}$。

3.3　对数量化一致性算法

3.3.1　基于对数量化策略的量化通信

在数字通信网络中，任意个体 j 在每个时刻都要对其真实状态进行量化编码(encoding)，然后将编码后所得的符号码发给其邻居个体。当个体 j 的邻居个体 i 收到这些符号码时，邻居个体 i 利用适当的解码器对这些符号码进行解码，解码过程的实质是邻居个体 i 对个体 j 的真实状态进行估计。下面介绍具有无限水平的静态对数量化策略[100]及其相应的编码和解码算法，如图 3.1 所示。

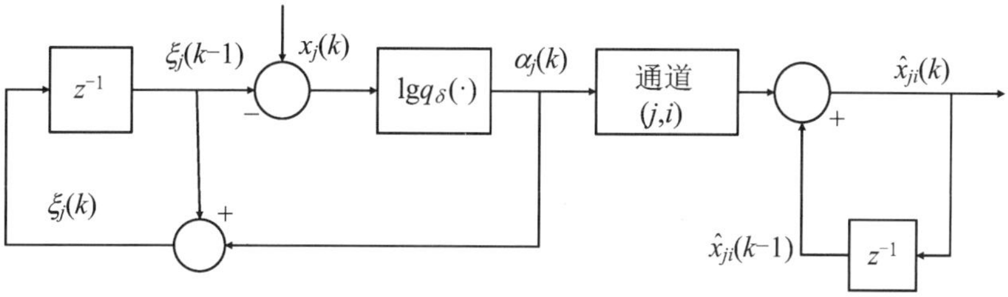

图 3.1　基于静态对数量化策略的量化通信

当 $e_{ji}=(j,i)\in E$ 时，即个体 j 是个体 i 的入度邻居并沿着有向数字通道 (j,i) 向 i 发送信息。信息发送个体 j 对其自带实值状态 $x_j(k)$ 进行编码，即利用其自带的编码器 Φ_j 的编码算法进行编码。

$$
\begin{cases}
\xi_j(0)=0 \\
\xi_j(k)=\xi_j(k-1)+\alpha_j(k) \\
\alpha_j(k)=\lg q_\delta[x_j(k)-\xi_j(k-1)], \quad k=1,2,\cdots
\end{cases}
\tag{3.5}
$$

式中，$\xi_j(k)$是编码器 Φ_j 在 k 时刻的内部变量，$\alpha_j(k)$是编码器 Φ_j 在 k 时刻的输出变量，即符号码。非线性函数 $Q(\cdot)=\lg q_\delta(\cdot):R\rightarrow\Gamma_\delta$ 表示一个具有无限量

化水平的对数量化器，其作用是将实数集映射到整数集或其子集。对数量化器定义为：对任意实数 m 有

$$\lg q_\delta(m)=\begin{cases}\left(\dfrac{1+\delta}{1-\delta}\right)^l, & \dfrac{(1+\delta)^{l-1}}{(1-\delta)^l}\leqslant m\leqslant\dfrac{(1+\delta)^l}{(1-\delta)^{l+1}},\text{且 } l\in\mathbf{Z}\\ 0, & m=0\\ -\lg q_\delta(-m), & m<0\end{cases}\tag{3.6}$$

这里 $\delta\in(0,1)$ 是一个待设计的量化精度参数，$\mathbf{Z}$ 为整数集。对数量化器 $\lg q_\delta(x)$ 的量化水平集 Γ_δ 为

$$\Gamma_\delta=\left\{\left(\frac{1+\delta}{1-\delta}\right)^l\right\}_{l\in\mathbf{Z}}\cup\{0\}\cup\left\{-\left(\frac{1+\delta}{1-\delta}\right)^l\right\}_{l\in\mathbf{Z}}\tag{3.7}$$

很显然，Γ_δ 是一个可列无限集。因此，对数量化器的量化水平是无限的，这也给实际应用带来了一定的困难，因为实际的数字通道在单位时间内只能传输有限水平的量化信息。此外，考虑到存在固定网络拓扑情况，我们假定所有有向通道均采用相同的对数量化器。对数量化器 $\lg q_\delta(m)$ 如图 3.2 所示。

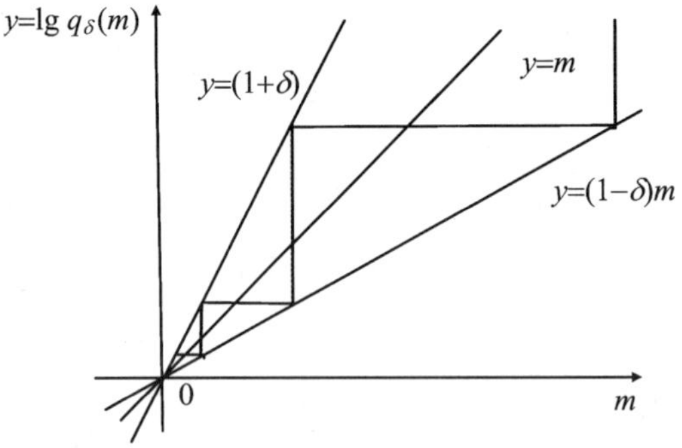

图 3.2　对数量化器

当接收到个体 j 发送的符号码 $\alpha_j(k)$ 时，有向数字通道 (j,i) 另一端的信息接收个体 i 就会利用自身的解码器对实值状态变量 $x_j(k)$ 进行估计。个体 i 对应的有向数字通道 (j,i) 的解码器 H_{ji} 的解码算法定义为

$$\begin{cases}\hat{x}_{ji}(0)=0\\ \hat{x}_{ji}(k)=\hat{x}_{ji}(k-1)+\alpha_j(k), & k=1,2,\cdots\end{cases}\tag{3.8}$$

式中，变量 $\hat{x}_{ji}(k)$ 是解码器的输出，表示对实值状态变量 $x_j(k)$ 的估计。因此，若个体 i 有 $|N_i|$ 个邻居，则相应地个体 i 需要 $|N_i|$ 个解码器 H_{ji} 对这些邻居个体的状态进行估计。另外，因为我们假定个体 i 本身具有自环，所以个体 i 对自

身状态 $x_i(k)$ 也有一个解码器 H_{ii} 进行估计。由式(3.5)和式(3.8)可知:对任意 $i\in \mho, j\in N_i\cup\{i\}, k=0,1,2,\cdots$,总有 $\hat{x}_{ji}(k)=\xi_j(k)$ 成立。即编码器 Φ_j 的内部状态 $\xi_j(k)$ 恰好等于个体 j 的邻居对其状态 $x_j(k)$ 的估计值 $\hat{x}_{ji}(k)$。同样,由式(3.5)可得内部状态 $\xi_j(k)$ 的动力学方程

$$\xi_j(k+1)=\xi_j(k)+\lg q_\delta(x_j(k+1)-\xi_j(k)),\quad k=0,1,2,\cdots \tag{3.9}$$

式中,$\xi_j(0)=0$。根据对数量化器的扇形有界性条件[136],即对任意实数 m,

$$|\lg q_\delta(m)-m|\leqslant\delta|m|,\quad m\in\mathbf{R} \tag{3.10}$$

成立,因而式(3.9)可写为

$$\xi_j(k+1)=\xi_j(k)+(1+\sigma_j(k))(x_j(k+1)-\xi_j(k)),\quad k=0,1,2,\cdots \tag{3.11}$$

式中,不确定性 $\sigma_j(k)$ 满足 $\sigma_j(k)\in[-\delta,\delta], k\geqslant 0$。

注解 3.1　由式(3.5)可知,当实数 $x_j(k)$ 不断地经由数字通道传输时,对数量化器并不是对 $x_j(k)$ 直接进行量化,而是对其某一时刻和前一时刻预测值 $\xi_i(k-1)$ 之差,即对预测误差 $x_j(k)-\xi_j(k-1)$ 进行量化。文献[91,100]表明,这样处理的直接好处是仅需要较少比特数目的量化信息就可以表达 $x_j(k)-\xi_j(k-1)$,因为 $x_j(k)-\xi_j(k-1)$ 幅度在一般情况下小于 $x_j(k)$。

3.3.2　基于对数量化策略的一致性算法设计

基于前文中的对数量化策略,本章提出如下的量化一致性算法:

$$u_i(k)=\sum_{j\in N_i}w_{ij}(\hat{x}_{ji}(k)-\hat{x}_{ii}(k)),\quad i\in\mho \tag{3.12}$$

那么,从式(3.5)和式(3.8)可知,量化一致性算法式(3.12)可以完全用对数量化器的量化精度参数 $\delta\in(0,1)$ 描述。

因为 $\hat{x}_{ji}(k)=\xi_j(k)$ 对任意 $i\in\mho, j\in N_i\cup\{i\}, k=0,1,2,\cdots$ 成立,所以由式(3.12)可得

$$\begin{aligned}u_i(k)&=\sum_{j\in N_i}w_{ij}(\hat{x}_{ji}(k)-\hat{x}_{ii}(k))\\&=\sum_{j\in N_i}w_{ij}(\hat{x}_{ji}(k)-x_j(k)+x_j(k)-x_i(k)+x_i(k)-\hat{x}_{ii}(k))\\&=\sum_{j\in N_i}w_{ij}(x_j(k)-x_i(k))-\sum_{j\in N_i}w_{ij}(x_j(k)-\hat{x}_{ji}(k))\end{aligned}$$

$$
\begin{aligned}
&+\sum_{j\in N_i}w_{ij}(x_i(k)-\hat{x}_{ii}(k))\\
&=\sum_{j\in N_i}w_{ij}(x_j(k)-x_i(k))-\sum_{j\in N_i}w_{ij}(x_j(k)-\hat{x}_{ji}(k))\\
&+(1-w_{ii})(x_i(k)-\hat{x}_{ii}(k))
\end{aligned}
\tag{3.13}
$$

最后一个等式由假设 3.1 得到。由此可以明确看出,本章提出的量化一致性算法式(3.12)其实由三项组成:第一项 $\sum_{j\in N_i}w_{ij}(x_j(k)-x_i(k))$ 是无量化情况下的一致性算法,在式(3.12)中起主要作用;第二项 $\sum_{j\in N_i}w_{ij}(x_j(k)-\hat{x}_{ji}(k))$ 表示个体 i 对其邻居个体状态 $x_j(k)(j\in N_i)$ 进行估计的累计误差;第三项 $\sum_{j\in N_i}w_{ij}(x_i(k)-\hat{x}_{ii}(k))=(1-w_{ii})(x_i(k)-\hat{x}_{ii}(k))$ 表示个体 i 沿着自环对其自身状态 $x_i(k)$进行估计的误差。

注解 3.2 针对个体具有自环的无向网络,文献[100]提出了和式(3.12)表达形式完全一样的量化一致性算法。因此类似式(3.13),文献[100]提出的量化一致性算法同样由三项组成

$$
\begin{aligned}
u_i(k)&=\sum_{j\in N_i}w_{ij}(\hat{x}_{ji}(k)-\hat{x}_{ii}(k))\\
&=\sum_{j\in N_i}w_{ij}(\hat{x}_{ji}(k)-x_j(k)+x_j(k)-x_i(k)+x_i(k)-\hat{x}_{ii}(k))\\
&=\sum_{j\in N_i}w_{ij}(x_j(k)-x_i(k))-\sum_{j\in N_i}w_{ij}(x_j(k)-\hat{x}_{ji}(k))\\
&\quad+\sum_{j\in N_i}w_{ji}(x_i(k)-\hat{x}_{ii}(k))
\end{aligned}
\tag{3.14}
$$

式中的前两项和式(3.13)中的前两项作用完全相同。因为文献[100]考虑的是无向网络情形,基于 $w_{ij}=w_{ji}\ (i\neq j)$ 可以得到 $\sum_{j\in N_i}w_{ij}(x_i(k)-\hat{x}_{ii}(k))=\sum_{j\in N_i}w_{ji}(x_i(k)-\hat{x}_{ii}(k))$,所以上式第三项表示的是个体 i 的邻居个体 $j\in N_i$ 对其状态 $x_i(k)$进行估计的累计误差。而这一项在算法式(3.14)中具有非常重要的作用,被称为对称误差补偿项。由以上分析可知,对称误差补偿项要求网络是无向的,因而算法式(3.14)具有对称误差补偿机制,这个机制主要用来纠正或避免个体状态偏离一致性值,从而确保无向网络在量化信息通信下,仍然保持状态平均不变性或平均一致不变性这一特性[139],即

$$
\frac{1}{N}\sum_{i=1}^{N}x_i(k+1)=\frac{1}{N}\sum_{i=1}^{N}x_i(k),\quad k=0,1,2,\cdots
\tag{3.15}
$$

这样所有个体将最终达到平均一致性。对称误差补偿机制最早由 Censi[139] 在研究无向网络的鲁棒性时提出，并成为量化平均一致性的理论基础。但需要指出的是，如果要确保平均一致性，那么算法式(3.14)需要额外消耗用于信息回复或重发等的通信开销[171]，才能使边(j,i)和(i,j)同时连通，这样邻居个体 i 和 j 才能同时互惠地接收到对方的信息。因而量化一致性算法式(3.14)仅仅适用于无向网络。然而对于有向网络，$e_{ij}=(i,j)\in E$ 并不意味着 $e_{ji}=(j,i)\in E$，并且式(3.13)表明本章提出的量化一致性算法式(3.12)并没有利用到对称误差补偿机制。因此，在实施量化一致性算法式(3.12)时，个体 i 仅需知道有向边(j,i)是否连通或能否接收到个体 j 的信息即可，个体 i 和 j 无需互惠地互发信息。和算法式(3.14)相比，本章提出的算法式(3.12)不需要额外消耗用于信息回复或重发的通信开销，因此更适用于数字通信网络。

令 $e_i(k)=x_i(k)-\xi_i(k)$为个体 i 的估计误差，相应地，$\boldsymbol{e}(k)=\boldsymbol{x}(k)-\boldsymbol{\xi}(k)\in\mathbf{R}^N$ 表示群体的估计误差向量，其中 $\boldsymbol{\xi}(k)=(\xi_1(k),\cdots,\xi_N(k))^{\mathrm{T}}$ 表示编码器内部状态向量。将量化一致性算法式(3.12)代入式(3.1)可得矩阵形式的闭环系统

$$\boldsymbol{x}(k+1)=\boldsymbol{W}\boldsymbol{x}(k)+(\boldsymbol{W}-\boldsymbol{I})\boldsymbol{e}(k) \tag{3.16}$$

令 $\boldsymbol{\Omega}(k)=\mathrm{diag}(\sigma_1(k),\cdots,\sigma_N(k))$，则由式(3.9)可得紧凑形式

$$\boldsymbol{\xi}(k+1)=\boldsymbol{\xi}(k)+(\boldsymbol{I}+\boldsymbol{\Omega}(k))(\boldsymbol{x}(k+1)-\boldsymbol{\xi}(k)) \tag{3.17}$$

利用估计误差 $\boldsymbol{e}(k)$的定义，并结合上面两式可得估计误差动力学方程

$$\boldsymbol{e}(k+1)=\boldsymbol{\Omega}(k)[(\boldsymbol{W}-\boldsymbol{I})\boldsymbol{x}(k)+(\boldsymbol{W}-2\boldsymbol{I})\boldsymbol{e}(k)] \tag{3.18}$$

进而可得闭环系统动力学方程

$$\begin{pmatrix}\boldsymbol{x}(k+1)\\ \boldsymbol{e}(k+1)\end{pmatrix}=\begin{pmatrix}\boldsymbol{I} & \boldsymbol{0}\\ \boldsymbol{0} & \boldsymbol{\Omega}(k)\end{pmatrix}\begin{pmatrix}\boldsymbol{W} & \boldsymbol{W}-\boldsymbol{I}\\ \boldsymbol{W}-\boldsymbol{I} & \boldsymbol{W}-2\boldsymbol{I}\end{pmatrix}\begin{pmatrix}\boldsymbol{x}(k)\\ \boldsymbol{e}(k)\end{pmatrix} \tag{3.19}$$

其初始条件分别为 $\boldsymbol{x}(0)$ 和 $\boldsymbol{e}(0)=-\boldsymbol{x}(0)$。

因为 $\boldsymbol{\Omega}(k)$是时变的，所以式(3.19)本质上是一个线性时变系统。此外，注意到此时系统矩阵 $\begin{pmatrix}\boldsymbol{W} & \boldsymbol{W}-\boldsymbol{I}\\ \boldsymbol{W}-\boldsymbol{I} & \boldsymbol{W}-2\boldsymbol{I}\end{pmatrix}$ 不是随机矩阵，并且系统矩阵中的所有元素并非全是非负的，随机遍历性矩阵的相关结论因而不再适用于式(3.19)。因此，我们必须通过新的稳定性分析方法来讨论闭环系统式(3.19)的收敛性。

注解 3.3　由式(3.16)可得

$$\boldsymbol{\pi}^{\mathrm{T}}\boldsymbol{x}(k+1)=\boldsymbol{\pi}^{\mathrm{T}}\boldsymbol{W}\boldsymbol{x}(k)+\boldsymbol{\pi}^{\mathrm{T}}(\boldsymbol{W}-\boldsymbol{I})\boldsymbol{e}(k)=\boldsymbol{\pi}^{\mathrm{T}}\boldsymbol{x}(k) \tag{3.20}$$

式中,第二个等式由 $\boldsymbol{\pi}^{\mathrm{T}}\boldsymbol{W}=\boldsymbol{\pi}^{\mathrm{T}}$ 和 $\boldsymbol{\pi}^{\mathrm{T}}(\boldsymbol{W}-\boldsymbol{I})=\boldsymbol{\pi}^{\mathrm{T}}-\boldsymbol{\pi}^{\mathrm{T}}=\boldsymbol{0}$ 得到。式(3.20)表明量化一致性算法式(3.12)能够保证网络具有状态加权平均或加权平均一致不变性这一特性,当 $\boldsymbol{\pi}=(\pi_1,\cdots,\pi_N)^{\mathrm{T}}=(1/N,\cdots,1/N)^{\mathrm{T}}$ 时,即有向网络是平衡的,则上式就退化为式(3.15)表示的平均一致不变性。而加权平均一致不变性是下一节收敛性分析中存在一个适当李雅普诺夫函数的理论前提。

注解 3.4 网络中的个体均可以获取自身的真实状态信息,因此或许有学者建议采用以下的量化一致性算法来取代算法式(3.12):

$$u_i(k)=\sum_{j\in N_i}w_{ij}(\hat{x}_{ji}(k)-x_i(k)) \tag{3.21}$$

也就是利用个体 i 的真实状态 $x_i(k)$ 来取代算法式(3.12)中个体 i 的量化状态 $\hat{x}_{ii}(k)$。接下来我们将说明算法式(3.21)具有的明显不足。把式(3.21)代入式(3.1),利用 $\boldsymbol{e}(k)$ 的定义可得闭环系统

$$\boldsymbol{x}(k+1)=\boldsymbol{W}\boldsymbol{x}(k)-\tilde{\boldsymbol{e}}(k),\quad k=0,1,2,\cdots \tag{3.22}$$

由注解 3.3 可知:此时闭环系统式(3.22)不再满足加权平均不变性。因此,量化一致性算法式(3.21)并不能保证闭环系统式(3.22)收敛到期望的加权平均一致性值。更糟糕的是,如果 $\tilde{\boldsymbol{e}}(k)$ 是一个白噪声序列,那么闭环系统式(3.22)最终会发散[138]。

3.3.3 相关引理

针对量化一致性算法式(3.12),很自然地会产生如下问题:如何确定对数量化器的量化精度参数 $\delta\in(0,1)$,使得在算法式(3.12)作用下,网络中所有个体最终可以实现加权平均一致性?为便于下一节对闭环系统式(3.19)进行收敛性分析,本节我们将给出几条引理。

为便于分析,首先我们引入一些记号,并对闭环系统式(3.19)进行相应地变形。记 $\boldsymbol{z}(k)=(\boldsymbol{x}(k)\quad \boldsymbol{e}(k))^{\mathrm{T}}$,以及

$$\boldsymbol{F}(k)=\begin{pmatrix}\boldsymbol{I} & \boldsymbol{0}\\ \boldsymbol{0} & \boldsymbol{\Omega}(k)\end{pmatrix}\begin{pmatrix}\boldsymbol{W} & \boldsymbol{W}-\boldsymbol{I}\\ \boldsymbol{W}-\boldsymbol{I} & \boldsymbol{W}-2\boldsymbol{I}\end{pmatrix}\in\mathbf{R}^{2N\times 2N} \tag{3.23}$$

则闭环系统式(3.19)可写为

$$\boldsymbol{z}(k+1)=\boldsymbol{F}(k)\boldsymbol{z}(k) \tag{3.24}$$

记矩阵集合 $\Xi=\{\mathrm{diag}(\varepsilon_1,\cdots,\varepsilon_N)\in\mathbf{R}^{N\times N}\mid\varepsilon_i\in\{-1,1\},i=1,\cdots,N\}$，则集合 Ξ 共由 2^N 个元素所组成，因此集合 Ξ 可记为 $\Xi=\{\boldsymbol{E}_1,\cdots,\boldsymbol{E}_{2^N}\}$。进一步令 $\boldsymbol{E}_1=\boldsymbol{I}$，并定义集合 $\Xi_\delta=\{\delta\boldsymbol{E}_1,\cdots,\delta\boldsymbol{E}_{2^N}\}$，则对任意 $k\geqslant 0$，有 $\boldsymbol{\Omega}(k)\in\mathrm{Co}(\Xi_\delta)$ 。这里记号 $\mathrm{Co}(\Xi_\delta)$ 表示由集合 $\Xi_\delta=\{\delta\boldsymbol{E}_1,\cdots,\delta\boldsymbol{E}_{2^N}\}$ 生成的凸多面体。有了上述定义，我们引入下面的常值矩阵集合

$$\Re=\left\{\boldsymbol{R}_i=\begin{pmatrix}\boldsymbol{I} & \boldsymbol{0}\\ \boldsymbol{0} & \delta\boldsymbol{E}_i\end{pmatrix}\begin{pmatrix}\boldsymbol{W} & \boldsymbol{W}-\boldsymbol{I}\\ \boldsymbol{W}-\boldsymbol{I} & \boldsymbol{W}-2\boldsymbol{I}\end{pmatrix},\boldsymbol{E}_i\in\Xi\right\}\tag{3.25}$$

注意到 $\boldsymbol{E}_1=\boldsymbol{I}$，则

$$\boldsymbol{R}_1=\begin{pmatrix}\boldsymbol{I} & \boldsymbol{0}\\ \boldsymbol{0} & \delta\boldsymbol{I}\end{pmatrix}\begin{pmatrix}\boldsymbol{W} & \boldsymbol{W}-\boldsymbol{I}\\ \boldsymbol{W}-\boldsymbol{I} & \boldsymbol{W}-2\boldsymbol{I}\end{pmatrix}\tag{3.26}$$

从而，对任意 $k\geqslant 0$，$\boldsymbol{F}(k)\in\mathrm{Co}(\Re)$ 成立。因此，对任意 $k\geqslant 0$，存在 2^N 个非负实数 $\mu_1(k),\cdots,\mu_{2^N}(k)$，满足 $\boldsymbol{F}(k)=\sum_{j=1}^{2^N}\mu_j(k)\boldsymbol{R}_j$，其中 $\sum_{j=1}^{2^N}\mu_j(k)=1$。这样，我们就可以将线性时变系统式(3.19)的收敛性分析转化为 2^N 个线性定常系统的稳定性分析，甚至将其转化为关于系统矩阵为 $\boldsymbol{R}_1$ 的线性定常系统的稳定性分析。

引理 3.1　令 $\boldsymbol{\upsilon}=(\boldsymbol{1}^{\mathrm{T}}\quad\boldsymbol{0}^{\mathrm{T}})^{\mathrm{T}}$，$\boldsymbol{\varphi}=(\boldsymbol{\pi}^{\mathrm{T}}\quad\boldsymbol{0}^{\mathrm{T}})^{\mathrm{T}}$，则对所有 $h=1,\cdots,2^N$，

$$\boldsymbol{R}_h\boldsymbol{\upsilon}=\boldsymbol{\upsilon},\quad\boldsymbol{\varphi}^{\mathrm{T}}\boldsymbol{R}_h=\boldsymbol{\varphi}^{\mathrm{T}}$$

成立。其中，$\boldsymbol{0}=(0,\cdots,0)^{\mathrm{T}}\in\mathbf{R}^N$。上式意味着向量 $\boldsymbol{\upsilon}=(\boldsymbol{1}^{\mathrm{T}}\quad\boldsymbol{0}^{\mathrm{T}})^{\mathrm{T}}$ 和 $\boldsymbol{\varphi}=(\boldsymbol{\pi}^{\mathrm{T}}\quad\boldsymbol{0}^{\mathrm{T}})^{\mathrm{T}}$ 分别是矩阵 $\boldsymbol{R}_h(h=1,\cdots,2^N)$特征值 1 的左、右特征向量。

证明　对矩阵 $\boldsymbol{R}_h(h=1,\cdots,2^N)$有

$$\begin{pmatrix}\boldsymbol{I} & \boldsymbol{0}\\ \boldsymbol{0} & \delta\boldsymbol{E}_h\end{pmatrix}\begin{pmatrix}\boldsymbol{W} & \boldsymbol{W}-\boldsymbol{I}\\ \boldsymbol{W}-\boldsymbol{I} & \boldsymbol{W}-2\boldsymbol{I}\end{pmatrix}\begin{pmatrix}\boldsymbol{1}\\ \boldsymbol{0}\end{pmatrix}=\begin{pmatrix}\boldsymbol{1}\\ \boldsymbol{0}\end{pmatrix}$$

以及

$$(\boldsymbol{\pi}^{\mathrm{T}}\quad\boldsymbol{0}^{\mathrm{T}})\begin{pmatrix}\boldsymbol{I} & \boldsymbol{0}\\ \boldsymbol{0} & \delta\boldsymbol{E}_h\end{pmatrix}\begin{pmatrix}\boldsymbol{W} & \boldsymbol{W}-\boldsymbol{I}\\ \boldsymbol{W}-\boldsymbol{I} & \boldsymbol{W}-2\boldsymbol{I}\end{pmatrix}=(\boldsymbol{\pi}^{\mathrm{T}}\quad\boldsymbol{0}^{\mathrm{T}})$$

可知结论成立。

引理 3.2[173]　设 a,b,c 为非零复数，则二阶复系数方程

$$az^2+bz+c=0\tag{3.27}$$

的根位于开的左半平面内的充分必要条件是四阶实系数方程

$$(az^2+bz+c)(\bar{a}z^2+\bar{b}z+\bar{c})=0\tag{3.28}$$

位于开的左半平面内。这里 $\bar{a}$ 表示复数 a 的共轭复数。从而式(3.28)可化为

下面的标准形式

$$z^4+p_1z^3+p_2z^2+p_3z+p_4=0 \tag{3.29}$$

式中，$p_j(j=1,2,3,4)$为实数。则四阶实系数方程式(3.29)的所有根位于开的左半平面内的充分必要条件是：$p_1>0$，$p_2>0$，$p_3>0$，$p_4>0$ 和 $p_1p_2p_3>p_3^2+p_1p_4$。

引理 3.3 若邻接矩阵 $\boldsymbol{W}\in\mathbf{R}^{N\times N}$ 满足假设 3.1，则以下两个事实是等价的。

(1) 量化精度参数 δ 满足

$$0<\delta\leqslant\min_{\lambda_i\neq1}\frac{1+\mathrm{Re}(\lambda_i)}{3-\mathrm{Re}(\lambda_i)}=\bar{\delta},\quad i=2,\cdots,N \tag{3.30}$$

式中，λ_i 是矩阵 $\boldsymbol{W}$ 的第 $i(i=2,3,\cdots,N)$ 个特征值。

(2) 对式(3.26)定义的矩阵 $\boldsymbol{R}_1$，1 是 $\boldsymbol{R}_1$ 唯一一个单位幅度的特征值，$\boldsymbol{R}_1$ 的其他特征值均严格位于以圆心为原点的单位圆内。

以下我们将分四步对引理 3.3 加以详细证明。

第一步 分析矩阵 $\boldsymbol{R}_1$ 的特征值。为此，我们考虑其特征多项式

$$\det(s\boldsymbol{I}-\boldsymbol{R}_1)=\det\begin{pmatrix}s\boldsymbol{I}-\boldsymbol{W} & -(\boldsymbol{W}-\boldsymbol{I})\\ -\delta(\boldsymbol{W}-\boldsymbol{I}) & s\boldsymbol{I}-\delta(\boldsymbol{W}-2\boldsymbol{I})\end{pmatrix} \tag{3.31}$$

上式右端分块矩阵 $\begin{pmatrix}s\boldsymbol{I}-\boldsymbol{W} & -(\boldsymbol{W}-\boldsymbol{I})\\ -\delta(\boldsymbol{W}-\boldsymbol{I}) & s\boldsymbol{I}-\delta(\boldsymbol{W}-2\boldsymbol{I})\end{pmatrix}$ 的各个子块可以互相交换，因此有[174]

$$\begin{aligned}\det(s\boldsymbol{I}-\boldsymbol{R}_1)&=\det[(s\boldsymbol{I}-\boldsymbol{W})(s\boldsymbol{I}-\delta(\boldsymbol{W}-2\boldsymbol{I}))-\delta(\boldsymbol{W}-\boldsymbol{I})^2]\\&=\det[s^2\boldsymbol{I}-s(\delta(\boldsymbol{W}-2\boldsymbol{I})+\boldsymbol{W})+\delta(\boldsymbol{W}^2-2\boldsymbol{W}-\boldsymbol{W}^2-\boldsymbol{I}+2\boldsymbol{W})]\\&=\prod_{i=1}^{N}[s^2-s(\delta(\lambda_i-2)+\lambda_i)-\delta]\end{aligned} \tag{3.32}$$

式中，λ_i 是邻接矩阵 $\boldsymbol{W}$ 的第 $i(i=1,2,\cdots,N)$ 个特征值。

由于有向网络 G 是强连通的，其对应的邻接矩阵 $\boldsymbol{W}$ 的最大特征值为 1，且其代数重数为 1，$\boldsymbol{W}$ 的其他特征值 λ_i 可能为复数，且满足 $|\lambda_i|<1(i=2,\cdots,N)$。不失一般性，令 $\lambda_1=1$，则矩阵 $\boldsymbol{R}_1$ 的所有特征值满足二阶方程

$$s^2-s(1-\delta)-\delta=0 \tag{3.33}$$

和

$$s^2-s(\delta(\lambda_i-2)+\lambda_i)-\delta=0,\quad i=2,\cdots,N \tag{3.34}$$

对于二阶实系数方程式(3.32)，其根为1和$-\delta$。对于$i=2,\cdots,N$，设式(3.34)的两个根分别为$s_i^{(1)}$和$s_i^{(2)}$，我们现在需要证明：对任意$i=2,\cdots,N$，$|s_i^{(1)}|<1$和$|s_i^{(2)}|<1$成立。

第二步　作双线性变换。为此，对式(3.34)作双线性变换$s=\frac{1+z}{1-z}$，得到

$$(1+\delta)(1-\lambda_i)z^2+2(1+\delta)z+1+\lambda_i+\delta(\lambda_i-3)=0,\quad i=2,\cdots,N \tag{3.35}$$

因为双线性变换$s=\frac{1+z}{1-z}$在单位圆内与开的左半平面之间建立了一一对应的映射关系，所以式(3.34)的根位于单位圆内，就等价于式(3.35)的根，位于开的左半平面。根据引理3.2，复系数方程式(3.35)的根位于开的左半平面等价于实系数方程

$$\begin{aligned}&[(1+\delta)(1-\lambda_i)z^2+2(1+\delta)z+1+\lambda_i+\delta(\lambda_i-3)]\\&\quad\times[(1+\delta)(1-\bar{\lambda}_i)z^2+2(1+\delta)z+1+\bar{\lambda}_i+\delta(\bar{\lambda}_i-3)]=0,\\&i=2,\cdots,N\end{aligned} \tag{3.36}$$

其根位于开的左半平面，即

$$z^4+p_1z^3+p_2z^2+p_3z+p_4=0,\quad i=2,\cdots,N \tag{3.37}$$

的根位于开的左半平面。上式中实数$p_j(j=1,2,3,4)$分别为

$$p_1=\frac{4(1-\mathrm{Re}(\lambda_i))}{(1-\lambda_i)(1-\bar{\lambda}_i)}$$

$$p_2=\frac{2[3-|\lambda_i|^2+\delta(4\mathrm{Re}(\lambda_i)-|\lambda_i|^2-1)]}{(1+\delta)(1-\lambda_i)(1-\bar{\lambda}_i)}$$

$$p_3=\frac{4[1+\mathrm{Re}(\lambda_i)+\delta(\mathrm{Re}(\lambda_i)-3)]}{(1+\delta)(1-\lambda_i)(1-\bar{\lambda}_i)}$$

$$\begin{aligned}p_4&=\frac{[1+\lambda_i+\delta(\lambda_i-3)]\overline{[1+\lambda_i+\delta(\lambda_i-3)]}}{(1+\delta)^2(1-\lambda_i)(1-\bar{\lambda}_i)}\\&=\frac{(1+2\mathrm{Re}(\lambda_i)+|\lambda_i|^2)+2\delta(|\lambda_i|^2-2\mathrm{Re}(\lambda_i)-3)+\delta^2(9-6\mathrm{Re}(\lambda_i)+|\lambda_i|^2)}{(1+\delta)^2(1-\lambda_i)(1-\bar{\lambda}_i)}\end{aligned}$$

因为$|\lambda_i|<1\ (i=2,\cdots,N)$，所以$(1-\lambda_i)(1-\bar{\lambda}_i)=(1-\lambda_i)\overline{(1-\lambda_i)}=1-2\mathrm{Re}(\lambda_i)+|\lambda_i|^2>0$。再次利用引理3.2并经过繁琐的代数运算后，我们得到四阶实系数方程式(3.37)的所有根位于开的左半平面内的充分必要条件是

$$p_1>0\Leftrightarrow 1-\mathrm{Re}(\lambda_i)>0 \tag{3.38}$$

$$p_2 > 0 \Leftrightarrow 3 - |\lambda_i|^2 + \delta(4\mathrm{Re}(\lambda_i) - |\lambda_i|^2 - 1) > 0 \tag{3.39}$$

$$p_3 > 0 \Leftrightarrow 1 + \mathrm{Re}(\lambda_i) + \delta(\mathrm{Re}(\lambda_i) - 3) > 0 \tag{3.40}$$

$$p_4 > 0 \Leftrightarrow [1 + \lambda_i + \delta(\lambda_i - 3)]\overline{[1 + \lambda_i + \delta(\lambda_i - 3)]} > 0 \tag{3.41}$$

$$\begin{aligned} p_1 p_2 p_3 > p_3^2 + p_1 p_4 \Leftrightarrow & 8(1 - \mathrm{Re}(\lambda_i))[3 - |\lambda_i|^2 + \delta(4\mathrm{Re}(\lambda_i) - |\lambda_i|^2 - 1)] \\ & \times [1 + \mathrm{Re}(\lambda_i) + \delta(\mathrm{Re}(\lambda_i) - 3)] \\ & > (1 - 2\mathrm{Re}(\lambda_i) + |\lambda_i|^2)\{4[1 + \mathrm{Re}(\lambda_i) + \delta(\mathrm{Re}(\lambda_i) - 3)]^2 \\ & + (1 - \mathrm{Re}(\lambda_i))[1 + \lambda_i + \delta(\lambda_i - 3)]\overline{[1 + \lambda_i + \delta(\lambda_i - 3)]}\} \end{aligned} \tag{3.42}$$

第三步 下面我们通过分析式(3.38)～式(3.42)，得到使这些不等式成立的条件。

由 $\mathrm{Re}(\lambda_i) < 1 (i = 2, \cdots, N)$，很显然式(3.38)成立。同时注意到

$$\begin{aligned} & [1 + \lambda_i + \delta(\lambda_i - 3)]\overline{[1 + \lambda_i + \delta(\lambda_i - 3)]} \\ & = [1 + \mathrm{Re}(\lambda_i) + \delta(\mathrm{Re}(\lambda_i) - 3) + i(\mathrm{Im}(\lambda_i) + \delta\mathrm{Im}(\lambda_i))] \\ & \quad \times [1 + \mathrm{Re}(\lambda_i) + \delta(\mathrm{Re}(\lambda_i) - 3) - i(\mathrm{Im}(\lambda_i) + \delta\mathrm{Im}(\lambda_i))] \\ & \geqslant [1 + \mathrm{Re}(\lambda_i) + \delta(\mathrm{Re}(\lambda_i) - 3)] \\ & \quad \times [1 + \mathrm{Re}(\lambda_i) + \delta(\mathrm{Re}(\lambda_i) - 3)] \end{aligned} \tag{3.43}$$

因此，如果式(3.40)成立，则式(3.41)必然成立。进一步，若式(3.38)～式(3.41)成立，那么经过繁琐的代数运算后可验证式(3.42)成立。故下面我们仅需对式(3.39)和式(3.40)作进一步分析。

因为 $-1 < \mathrm{Re}(\lambda_i) < 1$，所以由式(3.40)可得

$$\delta < \frac{1 + \mathrm{Re}(\lambda_i)}{3 - \mathrm{Re}(\lambda_i)} = \delta_1(\mathrm{Re}(\lambda_i)) \tag{3.44}$$

如图 3.3 所示，函数 $\delta_1(\mathrm{Re}(\lambda_i))$ 是关于变量 $\mathrm{Re}(\lambda_i)$ 的函数，并且 $\delta(-1) = 0$，$\delta(1) = 1$ 成立，因此可知 $\delta_1(\mathrm{Re}(\lambda_i)) \in (0, 1)$。

另外，因为

$$\begin{aligned} & 3 - |\lambda|^2 + \delta(4\mathrm{Re}(\lambda_i) - |\lambda|^2 - 1) \\ & = 3 - \mathrm{Re}^2(\lambda_i) - (1 + \delta)\mathrm{Im}^2(\lambda_i) + \delta(4\mathrm{Re}(\lambda_i) - \mathrm{Re}^2(\lambda_i) - 1) \end{aligned} \tag{3.45}$$

同时，注意到 $|\mathrm{Re}(\lambda_i)| \leqslant |\lambda_i| < 1 (i = 2, \cdots, N)$，所以经过一些代数运算后，我们讨论下面两种情况：

(1) 当 $2 - \sqrt{3} \leqslant \mathrm{Re}(\lambda_i) < 1$ 时，因为 $4\mathrm{Re}(\lambda_i) - |\mathrm{Re}(\lambda_i)|^2 - 1 \geqslant 0$，以及 $3 - \mathrm{Re}^2(\lambda_i) > 2 > (1 + \delta)\mathrm{Im}^2(\lambda_i) \geqslant 0$，所以对任意的 $\delta \geqslant 0$，式(3.39)总是成立。

从而结合式(3.44)可知：当量化精度参数 δ 满足式(3.30)时，式(3.38)～式(3.42)始终成立。

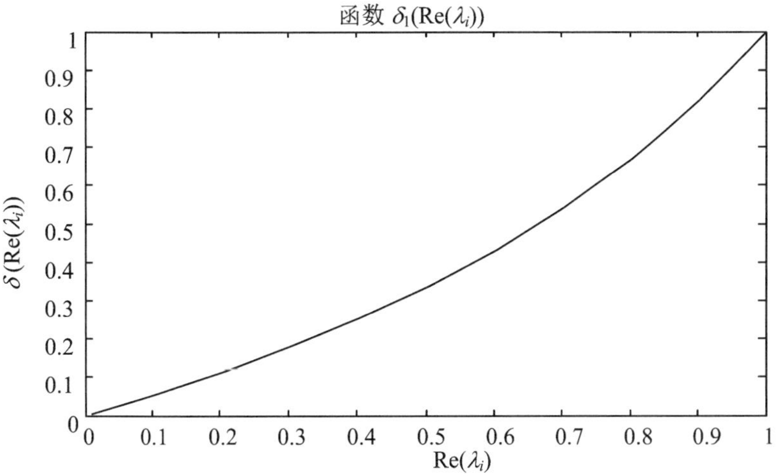

图 3.3　函数 $\boldsymbol{\delta_1}(\mathrm{Re}(\lambda_i))$的图形

(2) 当 $-1<\mathrm{Re}(\lambda_i)<2-\sqrt{3}$时，因为

$$4\mathrm{Re}(\lambda_i)-|\lambda_i|^2-1\leqslant 4\mathrm{Re}(\lambda_i)-|\mathrm{Re}(\lambda_i)|^2-1<0$$

所以从式(3.39)可得

$$\delta<\frac{3-|\lambda|^2}{1+|\lambda|^2-4\mathrm{Re}(\lambda_i)}=\delta_2(\mathrm{Re}(\lambda_i)) \tag{3.46}$$

接下来我们将证明这样一个事实：当$-1<\mathrm{Re}(\lambda_i)<2-\sqrt{3}$时，总有

$$\delta_1(\mathrm{Re}(\lambda_i))\leqslant\delta_2(\mathrm{Re}(\lambda_i))$$

经过一些代数运算，我们得到关系式

$$\delta_1(\mathrm{Re}(\lambda_i))\leqslant\delta_2(\mathrm{Re}(\lambda_i))\Leftrightarrow 2\geqslant|\lambda_i|^2-\mathrm{Re}^2(\lambda_i)=\mathrm{Im}^2(\lambda_i) \tag{3.47}$$

因为$|\lambda_i|<1(i=2,\cdots,N)$，所以式(3.47)总是成立。这意味着，当量化精度参数 δ 满足式(3.30)时，式(3.38)～式(3.42)总是成立。

综合以上分析，复系数方程式(3.34)的根位于单位圆内的充分条件是式(3.38)～式(3.42)成立，而式(3.38)～式(3.42)成立等价于式(3.30)成立。即除了最大特征值 1 以外，矩阵 $\boldsymbol{R}_1$ 的其他特征值均严格位于以圆心为原点的单位圆内。文献[174]表明，这意味着矩阵 $\boldsymbol{R}_1$ 不是霍尔维兹稳定的(hurwitz stable)，而是中性稳定的(neutrally stable)。

注解 3.5　式(3.30)表明，量化精度参数的 δ 选取，与有向网络对应的随机

邻接矩阵 $\boldsymbol{W}$ 的特征值虚部无关，仅依赖于随机邻接矩阵 $\boldsymbol{W}$ 的特征值实部。

注解 3.6 当网络为无向图时，即对应的随机邻接矩阵 $\boldsymbol{W}$ 是对称矩阵，其特征值均为实数，则式(3.34)是实系数方程，此时式(3.30)退化为

$$0<\delta\leqslant \min_{\lambda_i\neq 1}\frac{1+\lambda_i}{3-\lambda_i}=\bar{\delta}$$

而这正是文献[100]所得的结果。因此，本章引理 3.3 结论推广到了文献[100]的相关结果。

虽然闭环系统式(3.19)是线性系统，但因为 $\boldsymbol{R}_1$ 是中性稳定的，所以已有线性时变系统关于平衡点稳定性的相关结论不再适用于式(3.19)。为此，我们引入以下线性时变系统中关于特征空间稳定性的相关结论。

设 $\{\boldsymbol{A}(k)\}_{k=0}^{+\infty}\subset\mathrm{Co}\{\boldsymbol{A}_1,\cdots,\boldsymbol{A}_n\}$ 是一个在给定矩阵 $\boldsymbol{A}_1,\cdots,\boldsymbol{A}_n\in\mathbf{R}^{N\times N}$ 生成的凸多面体中取值的矩阵序列，则有如下的线性时变系统：

$$\boldsymbol{x}(k+1)=\boldsymbol{A}(k)\boldsymbol{x}(k) \tag{3.48}$$

引理 3.4[101] 关于一致性空间的公共李雅普诺夫稳定性。设 1 是给定矩阵 $\boldsymbol{A}_1,\cdots,\boldsymbol{A}_n\in\mathbf{R}^{N\times N}$ 的代数重数为 1 的特征值，其对应的左、右特征向量分别为 $\boldsymbol{\pi}\in\mathbf{R}^N$ 和 $\mathbf{1}\in\mathbf{R}^N$。若对任意非零向量 $\boldsymbol{z}\notin\mathrm{pan}\ \{\mathbf{1}\}^{\mathrm{T}}$ 存在一个公共的半正定对称矩阵 $\boldsymbol{P}\in\mathbf{R}^{N\times N}$，则所有 $i,j\in\{1,\cdots,n\}$ 满足下面三个条件

$$\boldsymbol{P}\mathbf{1}=\mathbf{0} \tag{3.49}$$

$$\boldsymbol{z}^{\mathrm{T}}\boldsymbol{P}\boldsymbol{z}>0 \tag{3.50}$$

$$\boldsymbol{z}^{\mathrm{T}}\left(\frac{\boldsymbol{A}_i^{\mathrm{T}}\boldsymbol{P}\boldsymbol{A}_j+\boldsymbol{A}_j^{\mathrm{T}}\boldsymbol{P}\boldsymbol{A}_i}{2}-\boldsymbol{P}\right)\boldsymbol{z}<0 \tag{3.51}$$

因此，对于矩阵序列 $\{\boldsymbol{A}(k)\}_{k=0}^{+\infty}\subset\mathrm{Co}\{\boldsymbol{A}_1,\cdots,\boldsymbol{A}_n\}$ 及任意的初始条件 $\boldsymbol{x}(0)$，系统式(3.48)成立

$$\lim_{k\to\infty}\boldsymbol{x}(k)=a\mathbf{1},\quad a=\boldsymbol{\pi}^{\mathrm{T}}\boldsymbol{x}(0)$$

这意味着线性时变系统式(3.48)渐近收敛到一致性空间(也称特征子空间) $\mathrm{span}\ \{\mathbf{1}\}^{\mathrm{T}}$。

3.4　一致性收敛分析

有了以上的准备知识后，下面我们将给出本章的主要结论。

定理 3.1　假定假设 3.1 成立。对于闭环系统式(3.19)，如果量化精度 δ 满足式(3.30)，那么对任意初始值 $\boldsymbol{z}(0)\in\mathbf{R}^{2N}$ 和任意的矩阵序列 $\boldsymbol{F}(k)\in\mathrm{Co}(\mathbf{R})$，下式成立

$$\lim_{k\to\infty}\boldsymbol{z}(k)=\begin{pmatrix}a\mathbf{1}\\ \mathbf{0}\end{pmatrix}\tag{3.52}$$

式中，$a=\left(\sum_{i=1}^{N}\pi_i x_i(0)\right)$。由于式(3.52)等价于

$$\lim_{k\to\infty}\boldsymbol{x}(k)=\left(\sum_{i=1}^{N}\pi_i x_i(0)\right)\mathbf{1}\quad 和\quad \lim_{k\to\infty}\boldsymbol{e}(k)=\mathbf{0}$$

即在量化一致性算法式(3.12)作用下，网络中所有个体状态最终达到加权平均一致性。

证明　以下我们分五步给出定理 3.1 的详细证明。

第一步　将关于线性时变系统的一致性问题转化为线性时不变系统的一致性问题。

从引理 3.1 可知，对所有 $h=1,\cdots,2^N$，$\boldsymbol{R}_h\boldsymbol{\upsilon}=\boldsymbol{\upsilon}$ 和 $\boldsymbol{\varphi}^{\mathrm{T}}\boldsymbol{R}_h=\boldsymbol{\varphi}^{\mathrm{T}}$ 成立。因此，由引理 3.3 可知，当 $0<\delta\leqslant\bar{\delta}$ 时，若我们可以证明：存在一个对称半正定矩阵 $\boldsymbol{L}\in\mathbf{R}^{2N\times 2N}$，对任意非零向量 $\boldsymbol{z}\in\mathrm{span}\left((\mathbf{1}^{\mathrm{T}}\quad\mathbf{0}^{\mathrm{T}})^{\mathrm{T}}\right)^{\perp}$，使得

$$\boldsymbol{L}\left(\mathbf{1}^{\mathrm{T}}\quad\mathbf{0}^{\mathrm{T}}\right)^{\mathrm{T}}=\mathbf{0}\tag{3.53}$$

$$\boldsymbol{z}^{\mathrm{T}}\boldsymbol{L}\boldsymbol{z}>0\tag{3.54}$$

$$\boldsymbol{z}^{\mathrm{T}}\left(\frac{1}{2}(\boldsymbol{R}_i^{\mathrm{T}}\boldsymbol{L}\boldsymbol{R}_j+\boldsymbol{R}_j^{\mathrm{T}}\boldsymbol{L}\boldsymbol{R}_i)-\boldsymbol{L}\right)\boldsymbol{z}<0,\quad\forall\boldsymbol{R}_i,\boldsymbol{R}_j\in\mathbf{R}\tag{3.55}$$

则式(3.52)成立。

为此，我们选取 $\boldsymbol{L}\in\mathbf{R}^{2N\times 2N}$，其具有如下结构：

$$\boldsymbol{L}=\begin{pmatrix}\boldsymbol{P}&\mathbf{0}\\ \mathbf{0}&\gamma\boldsymbol{I}\end{pmatrix}\tag{3.56}$$

式中，$\boldsymbol{P}\in\mathbf{R}^{N\times N}$是一个待定的对称半正定矩阵，$\gamma>0$是一个待定的常数。

考虑到$\boldsymbol{E}_i\boldsymbol{E}_j=\boldsymbol{E}_j\boldsymbol{E}_i$以及矩阵$\boldsymbol{L}$的结构，则对$\forall\mathbf{R}_i,\boldsymbol{R}_j\in\Re$，有$\boldsymbol{R}_i^{\mathrm{T}}\boldsymbol{L}\boldsymbol{R}_j=\boldsymbol{R}_j^{\mathrm{T}}\boldsymbol{L}\boldsymbol{R}_i$成立。因此，式(3.55)成立则意味着

$$\boldsymbol{z}^{\mathrm{T}}(\boldsymbol{R}_i^{\mathrm{T}}\boldsymbol{L}\boldsymbol{R}_j-\boldsymbol{L})\boldsymbol{z}<0,\quad\forall\boldsymbol{R}_i,\boldsymbol{R}_j\in\mathbf{R}\tag{3.57}$$

经过代数运算后，可得

$$\begin{aligned}
&\boldsymbol{R}_i^{\mathrm{T}}\boldsymbol{L}\boldsymbol{R}_j-\boldsymbol{L}\\
&=\begin{pmatrix}\boldsymbol{W}^{\mathrm{T}}\boldsymbol{P}\boldsymbol{W}+\gamma\delta^2(\boldsymbol{W}-\boldsymbol{I})^{\mathrm{T}}\boldsymbol{E}_i\boldsymbol{E}_j(\boldsymbol{W}-\boldsymbol{I}) & \boldsymbol{W}^{\mathrm{T}}\boldsymbol{P}(\boldsymbol{W}-\boldsymbol{I})+\gamma\delta^2\boldsymbol{E}_i\boldsymbol{E}_j(\boldsymbol{W}-\boldsymbol{I})^{\mathrm{T}}(\boldsymbol{W}-2\boldsymbol{I})\\ (\boldsymbol{W}-\boldsymbol{I})^{\mathrm{T}}\boldsymbol{P}\boldsymbol{W}+\gamma\delta^2(\boldsymbol{W}-2\boldsymbol{I})^{\mathrm{T}}\boldsymbol{E}_i\boldsymbol{E}_j(\boldsymbol{W}-\boldsymbol{I}) & (\boldsymbol{W}-\boldsymbol{I})^{\mathrm{T}}\boldsymbol{P}(\boldsymbol{W}-\boldsymbol{I})+\gamma\delta^2\boldsymbol{E}_i\boldsymbol{E}_j(\boldsymbol{W}-2\boldsymbol{I})^{\mathrm{T}}(\boldsymbol{W}-2\boldsymbol{I})\end{pmatrix}\\
&\quad-\begin{pmatrix}\boldsymbol{P} & 0\\ 0 & \gamma\boldsymbol{I}\end{pmatrix}\\
&=\begin{pmatrix}\boldsymbol{W}^{\mathrm{T}}\boldsymbol{P}\boldsymbol{W}-\boldsymbol{P}+\gamma\delta^2(\boldsymbol{W}-\boldsymbol{I})^{\mathrm{T}}(\boldsymbol{W}-\boldsymbol{I}) & \boldsymbol{W}^{\mathrm{T}}\boldsymbol{P}(\boldsymbol{W}-\boldsymbol{I})+\gamma\delta^2(\boldsymbol{W}-\boldsymbol{I})^{\mathrm{T}}(\boldsymbol{W}-2\boldsymbol{I})\\ (\boldsymbol{W}-\boldsymbol{I})^{\mathrm{T}}\boldsymbol{P}\boldsymbol{W}+\gamma\delta^2(\boldsymbol{W}-2\boldsymbol{I})^{\mathrm{T}}(\boldsymbol{W}-\boldsymbol{I}) & (\boldsymbol{W}-\boldsymbol{I})^{\mathrm{T}}\boldsymbol{P}(\boldsymbol{W}-\boldsymbol{I})+\gamma\delta^2(\boldsymbol{W}-2\boldsymbol{I})^{\mathrm{T}}(\boldsymbol{W}-2\boldsymbol{I})-\gamma\boldsymbol{I}\end{pmatrix}\\
&\quad-\gamma\delta^2\begin{pmatrix}(\boldsymbol{W}-\boldsymbol{I})^{\mathrm{T}}(\boldsymbol{I}-\boldsymbol{E}_i\boldsymbol{E}_j)(\boldsymbol{W}-\boldsymbol{I}) & (\boldsymbol{W}-\boldsymbol{I})^{\mathrm{T}}(\boldsymbol{I}-\boldsymbol{E}_i\boldsymbol{E}_j)(\boldsymbol{W}-2\boldsymbol{I})\\ (\boldsymbol{W}-2\boldsymbol{I})^{\mathrm{T}}(\boldsymbol{I}-\boldsymbol{E}_i\boldsymbol{E}_j)(\boldsymbol{W}-\boldsymbol{I}) & (\boldsymbol{W}-2\boldsymbol{I})^{\mathrm{T}}(\boldsymbol{I}-\boldsymbol{E}_i\boldsymbol{E}_j)(\boldsymbol{W}-2\boldsymbol{I})\end{pmatrix}\\
&=\boldsymbol{R}_1^{\mathrm{T}}\boldsymbol{L}\boldsymbol{R}_1-\boldsymbol{L}-\boldsymbol{Q}
\end{aligned}\tag{3.58}$$

式中，

$$\begin{aligned}
\boldsymbol{Q}&=\gamma\delta^2\begin{pmatrix}(\boldsymbol{W}-\boldsymbol{I})^{\mathrm{T}}(\boldsymbol{I}-\boldsymbol{E}_i\boldsymbol{E}_j)(\boldsymbol{W}-\boldsymbol{I}) & (\boldsymbol{W}-\boldsymbol{I})^{\mathrm{T}}(\boldsymbol{I}-\boldsymbol{E}_i\boldsymbol{E}_j)(\boldsymbol{W}-2\boldsymbol{I})\\ (\boldsymbol{W}-2\boldsymbol{I})^{\mathrm{T}}(\boldsymbol{I}-\boldsymbol{E}_i\boldsymbol{E}_j)(\boldsymbol{W}-\boldsymbol{I}) & (\boldsymbol{W}-2\boldsymbol{I})^{\mathrm{T}}(\boldsymbol{I}-\boldsymbol{E}_i\boldsymbol{E}_j)(\boldsymbol{W}-2\boldsymbol{I})\end{pmatrix}\\
&=\gamma\delta^2\begin{pmatrix}(\boldsymbol{W}-\boldsymbol{I})^{\mathrm{T}}\boldsymbol{K}\\ (\boldsymbol{W}-2\boldsymbol{I})^{\mathrm{T}}\boldsymbol{K}\end{pmatrix}\begin{pmatrix}\boldsymbol{K}(\boldsymbol{W}-\boldsymbol{I}) & \boldsymbol{K}(\boldsymbol{W}-2\boldsymbol{I})\end{pmatrix}
\end{aligned}\tag{3.59}$$

式中，$\boldsymbol{K}^2=\boldsymbol{I}-\boldsymbol{E}_i\boldsymbol{E}_j$是一个对称半正定矩阵。容易验证$\boldsymbol{Q}=\boldsymbol{Q}^{\mathrm{T}}\geqslant0$和$(\boldsymbol{1}^{\mathrm{T}}\quad\boldsymbol{0}^{\mathrm{T}})\boldsymbol{Q}(\boldsymbol{1}^{\mathrm{T}}\quad\boldsymbol{0}^{\mathrm{T}})^{\mathrm{T}}=0$。同时注意到，对任意$\boldsymbol{R}_i,\boldsymbol{R}_j\in\mathbf{R}$式(3.57)都成立，因此，若能够验证

$$\boldsymbol{z}^{\mathrm{T}}(\boldsymbol{R}_1^{\mathrm{T}}\boldsymbol{L}\boldsymbol{R}_1-\boldsymbol{L})\boldsymbol{z}<0\tag{3.60}$$

对任意非零向量$\boldsymbol{z}\in\mathrm{span}((\boldsymbol{1}^{\mathrm{T}}\quad\boldsymbol{0}^{\mathrm{T}})^{\mathrm{T}})^{\perp}$成立，则式(3.55)必然成立。从而要证明存在矩阵$\boldsymbol{L}\in\mathbf{R}^{2N\times2N}$满足式(3.53)～式(3.55)，只需证明存在$\boldsymbol{L}\in\mathbf{R}^{2N\times2N}$满足式(3.53)、式(3.54)和式(3.60)即可。

为此，我们分析以下线性时不变系统：

$$\begin{pmatrix}\boldsymbol{x}(k+1)\\ \boldsymbol{e}(k+1)\end{pmatrix}=\boldsymbol{R}_1\begin{pmatrix}\boldsymbol{x}(k)\\ \boldsymbol{e}(k)\end{pmatrix}=\begin{pmatrix}\boldsymbol{I} & \boldsymbol{0}\\ \boldsymbol{0} & \delta I\end{pmatrix}\begin{pmatrix}\boldsymbol{W} & \boldsymbol{W}-\boldsymbol{I}\\ \boldsymbol{W}-\boldsymbol{I} & \boldsymbol{W}-2\boldsymbol{I}\end{pmatrix}\begin{pmatrix}\boldsymbol{x}(k)\\ \boldsymbol{e}(k)\end{pmatrix}\tag{3.61}$$

也就是对所有$k\geqslant0$，$\boldsymbol{F}(0)=\boldsymbol{F}(1)=\cdots=\boldsymbol{R}_1$，其中$\boldsymbol{R}_1$定义见式(3.26)。接下来，

基于矩阵变换，我们将一致性问题或收敛到特征子空间问题转化为关于原点的霍尔维兹稳定性问题，并给出李雅普诺夫稳定性条件。

第二步　利用矩阵线性变换，把关于线性时不变系统的一致性问题转化为关于线性时不变系统在原点的稳定性问题。

为此，引入变量变换

$$\bar{z}(k)=\begin{pmatrix}\boldsymbol{I}-\boldsymbol{1}\boldsymbol{\pi}^{\mathrm{T}} & \boldsymbol{0}\\ \boldsymbol{0} & \boldsymbol{I}-\boldsymbol{1}\boldsymbol{\pi}^{\mathrm{T}}\end{pmatrix},\quad z(k)=\begin{pmatrix}\boldsymbol{I}-\boldsymbol{1}\boldsymbol{\pi}^{\mathrm{T}} & \boldsymbol{0}\\ \boldsymbol{0} & \boldsymbol{I}-\boldsymbol{1}\boldsymbol{\pi}^{\mathrm{T}}\end{pmatrix}\begin{pmatrix}\boldsymbol{x}(k)\\ \boldsymbol{e}(k)\end{pmatrix} \tag{3.62}$$

式中，变量 $\bar{z}(k)$的第 l 个分量表示个体 l 的状态到加权平均值的相对距离，同时对所有 $k\geqslant 0$，$(\boldsymbol{\pi}^{\mathrm{T}},\boldsymbol{\pi}^{\mathrm{T}})\bar{z}(k)=\boldsymbol{0}\in\mathbf{R}^{2N}$成立。

利用线性变换式(3.62)可将式(3.61)变换为

$$\begin{pmatrix}\bar{\boldsymbol{x}}(k+1)\\ \bar{\boldsymbol{e}}(k+1)\end{pmatrix}=\begin{pmatrix}\boldsymbol{I} & \boldsymbol{0}\\ \boldsymbol{0} & \delta\boldsymbol{I}\end{pmatrix}\begin{pmatrix}\boldsymbol{W} & \boldsymbol{W}-\boldsymbol{I}\\ \boldsymbol{W}-\boldsymbol{I} & \boldsymbol{W}-2\boldsymbol{I}\end{pmatrix}\begin{pmatrix}\bar{\boldsymbol{x}}(k)\\ \bar{\boldsymbol{e}}(k)\end{pmatrix} \tag{3.63}$$

易知 0 是矩阵$(\boldsymbol{I}-\boldsymbol{1}\boldsymbol{\pi}^{\mathrm{T}})$的简单特征值，其对应的左、右特征向量分别为 $\boldsymbol{\pi}$ 和 $\boldsymbol{1}$，而且 1 是矩阵$(\boldsymbol{I}-\boldsymbol{1}\boldsymbol{\pi}^{\mathrm{T}})$的代数重数为 $N-1$ 的特征值。因此，由式(3.62)可得，$\bar{\boldsymbol{z}}(k)=(\bar{\boldsymbol{x}}(k)^{\mathrm{T}},\bar{\boldsymbol{e}}(k)^{\mathrm{T}})^{\mathrm{T}}=\boldsymbol{0}\in\mathbf{R}^{2N}$ 当且仅当 $z_1(k)=z_2(k)=\cdots=z_N(k)$。这样，我们就把线性时不变系统式(3.61)的一致性问题或特征子空间收敛问题转化为关于线性时不变系统式(3.63)在原点的稳定性问题。

第三步　再次利用矩阵线性变换，把关于线性时不变系统在原点的稳定性问题转化为关于该线性时不变系统的子系统在原点的稳定性问题。

由式(3.2)可知：随机矩阵 $\boldsymbol{W}$ 的简单特征值 1 对应的左、右特征向量分别为 $\boldsymbol{\pi}\in\mathbf{R}^N$ 和 $\boldsymbol{1}\in\mathbf{R}^N$，因此存在非奇异矩阵 $\boldsymbol{T}=(\boldsymbol{1}\quad\boldsymbol{M})$，其中 $\boldsymbol{M}\in\mathbf{R}^{N\times(N-1)}$，将随机矩阵 $\boldsymbol{W}$ 变换为约当标准型(Jordan canonical form)[121]。

$$\boldsymbol{T}^{-1}\boldsymbol{W}\boldsymbol{T}=\begin{pmatrix}1 & \boldsymbol{0}_{1\times(N-1)}\\ \boldsymbol{0}_{(N-1)\times 1} & \boldsymbol{\Lambda}\end{pmatrix}=\widetilde{\boldsymbol{W}} \tag{3.64}$$

式中，$\boldsymbol{T}^{-1}=\begin{pmatrix}\boldsymbol{1}^{\dagger}\\ \boldsymbol{M}^{\dagger}\end{pmatrix}=\begin{pmatrix}\boldsymbol{\pi}^{\mathrm{T}}\\ \boldsymbol{M}^{\dagger}\end{pmatrix}$，且满足 $\boldsymbol{M}^{\dagger}\boldsymbol{M}=\boldsymbol{I}_{N-1}$，$\boldsymbol{M}^{\dagger}\boldsymbol{1}=\boldsymbol{0}_{(N-1)\times 1}$ 以及 $\boldsymbol{\pi}^{\mathrm{T}}\boldsymbol{M}^{\dagger}=\boldsymbol{0}_{1\times(N-1)}$。其中，$\boldsymbol{\Lambda}$ 是一个$(N-1)\times(N-1)$的上三角矩阵，其各个对角块对应的是随机矩阵 $\boldsymbol{W}$ 的模长小于 1 的特征值。

进一步定义变量变换 $\tilde{z}(k)=(\boldsymbol{T}^{-1}\otimes\boldsymbol{I}_2)\bar{z}(k)$，从而将系统式(3.63)变换为

$$\begin{bmatrix}\tilde{\boldsymbol{x}}(k+1)\\ \tilde{\boldsymbol{e}}(k+1)\end{bmatrix}=\begin{bmatrix}\begin{pmatrix}1 & \boldsymbol{0}_{1\times(N-1)}\\ \boldsymbol{0}_{(N-1)\times1} & \boldsymbol{\Lambda}\end{pmatrix} & \begin{pmatrix}0 & \boldsymbol{0}_{1\times(N-1)}\\ \boldsymbol{0}_{(N-1)\times1} & \boldsymbol{\Lambda}-\boldsymbol{I}_{(N-1)}\end{pmatrix}\\ \begin{pmatrix}0 & \boldsymbol{0}_{1\times(N-1)}\\ \boldsymbol{0}_{(N-1)\times1} & \delta(\boldsymbol{\Lambda}-\boldsymbol{I}_{(N-1)})\end{pmatrix} & \begin{pmatrix}-1 & \boldsymbol{0}_{1\times(N-1)}\\ \boldsymbol{0}_{(N-1)\times1} & \delta(\boldsymbol{\Lambda}-2\boldsymbol{I}_{(N-1)})\end{pmatrix}\end{bmatrix}\begin{bmatrix}\tilde{\boldsymbol{x}}(k)\\ \tilde{\boldsymbol{e}}(k)\end{bmatrix} \tag{3.65}$$

因为 $\boldsymbol{T}^{-1}$定义和 $\boldsymbol{\pi}^{\mathrm{T}}(\boldsymbol{I}-\boldsymbol{1}\boldsymbol{\pi}^{\mathrm{T}})=0$，所以对变量 $\tilde{\boldsymbol{z}}_1(k)=(\tilde{x}_1(k),\tilde{e}_1(k))^{\mathrm{T}}$，$\tilde{x}_1(k)=\boldsymbol{\pi}^{\mathrm{T}}\bar{\boldsymbol{x}}(k)=0$ 和 $\tilde{e}_1(k)=-\boldsymbol{\pi}^{\mathrm{T}}\bar{\boldsymbol{e}}(k)=0$ 成立，也就是 $\tilde{\boldsymbol{z}}_1(k)=(0,0)^{\mathrm{T}}$。由于变换 $\tilde{\boldsymbol{z}}(k)=(\boldsymbol{T}^{-1}\otimes\boldsymbol{I}_2)\bar{\boldsymbol{z}}(k)$是非奇异的，从而 $\bar{\boldsymbol{z}}(k)=(\bar{\boldsymbol{x}}(k)^{\mathrm{T}},\bar{\boldsymbol{e}}(k)^{\mathrm{T}})^{\mathrm{T}}=\boldsymbol{0}\in\mathbf{R}^{2N}$ 等价于 $\tilde{\boldsymbol{z}}_2(k)=\tilde{\boldsymbol{z}}_3\cdots=\tilde{\boldsymbol{z}}_N(k)=\boldsymbol{0}\in\mathbf{R}^2$，即等价于子系统

$$\begin{bmatrix}\tilde{x}_2(k+1)\\ \vdots\\ \tilde{x}_N(k+1)\\ \tilde{e}_2(k+1)\\ \vdots\\ \tilde{e}_N(k+1)\end{bmatrix}=\begin{pmatrix}\boldsymbol{\Lambda} & \boldsymbol{\Lambda}-\boldsymbol{I}_{(N-1)}\\ \delta(\boldsymbol{\Lambda}-\boldsymbol{I}_{(N-1)}) & \delta(\boldsymbol{\Lambda}-2\boldsymbol{I}_{(N-1)})\end{pmatrix}\begin{bmatrix}\tilde{x}_2(k)\\ \vdots\\ \tilde{x}_N(k)\\ \tilde{e}_2(k)\\ \vdots\\ \tilde{e}_N(k)\end{bmatrix} \tag{3.66}$$

它在原点是霍尔维兹稳定的。

第四步 建立相应的李雅普诺夫稳定性条件。

由文献[170,175]可知：子系统式(3.66) 在原点是霍尔维兹稳定的，等价于下面的线性矩阵不等式(LMI)成立

$$\begin{pmatrix}\boldsymbol{\Lambda} & \boldsymbol{\Lambda}-\boldsymbol{I}_{(N-1)}\\ \delta(\boldsymbol{\Lambda}-\boldsymbol{I}_{(N-1)}) & \delta(\boldsymbol{\Lambda}-2\boldsymbol{I}_{(N-1)})\end{pmatrix}^{\mathrm{T}}\begin{pmatrix}\boldsymbol{P}_1 & 0\\ 0 & \gamma\boldsymbol{I}_{(N-1)}\end{pmatrix}\begin{pmatrix}\boldsymbol{\Lambda} & \boldsymbol{\Lambda}-\boldsymbol{I}_{(N-1)}\\ \delta(\boldsymbol{\Lambda}-\boldsymbol{I}_{(N-1)}) & \delta(\boldsymbol{\Lambda}-2\boldsymbol{I}_{(N-1)})\end{pmatrix}$$
$$-\begin{pmatrix}\boldsymbol{P}_1 & 0\\ 0 & \gamma\boldsymbol{I}_{(N-1)}\end{pmatrix}<0 \tag{3.67}$$

式中，$\boldsymbol{P}_1$ 是一个$(N-1)\times(N-1)$的对称正定矩阵，$\gamma>0$ 是一个待定常数。

综合上面分析可知，闭环系统式(3.19)的一致性收敛问题最终可以归结为：如何确定对称正定矩阵 $\boldsymbol{P}_1\in\mathbf{R}^{(N-1)\times(N-1)}$ 及常数 $\gamma>0$，使得 LMI 式(3.67)成立？而由引理 3.3 可知，当 $0<\delta\leqslant\bar{\delta}$ 时，矩阵 $\boldsymbol{R}_1$ 除了简单特征值 1 外，其余特征值均严格位于单位圆内。因此，结合非奇异变换式(3.64)可知，子系统式(3.66) 在原点总是霍尔维兹稳定的，从而总是存在适当的对称正定矩阵 $\boldsymbol{P}_1\in$

$\mathbf{R}^{(N-1)\times(N-1)}$ 及常数 $\gamma>0$，使得 LMI 式(3.67)成立。

第五步　确定相应的对称半正定矩阵 $\boldsymbol{L}\in\mathbf{R}^{2N\times 2N}$。

当存在对称正定矩阵 $\boldsymbol{P}_1\in\mathbf{R}^{(N-1)\times(N-1)}$ 及常数 $\gamma>0$，使得式(3.67)成立时，式(3.66)定义的对称半正定矩阵 $\boldsymbol{L}\in\mathbf{R}^{2N\times 2N}$ 可以构造为

$$\boldsymbol{L}=(\boldsymbol{T}\otimes\boldsymbol{I}_2)\begin{pmatrix}\begin{pmatrix}0 & \mathbf{0}_{1\times(N-1)}\\ \mathbf{0}_{(N-1)\times 1} & \boldsymbol{P}_1\end{pmatrix} & \mathbf{0}_{N\times N}\\ \mathbf{0}_{N\times N} & \gamma\boldsymbol{I}_N\end{pmatrix}(\boldsymbol{T}^{-1}\otimes\boldsymbol{I}_2) \tag{3.68}$$

相应地，矩阵 $\boldsymbol{L}\in\mathbf{R}^{2N\times 2N}$ 的子块 $\boldsymbol{P}\in\mathbf{R}^{N\times N}$ 为

$$\boldsymbol{P}=\boldsymbol{T}\begin{pmatrix}0 & \mathbf{0}_{1\times(N-1)}\\ \mathbf{0}_{(N-1)\times 1} & \boldsymbol{P}_1\end{pmatrix}\boldsymbol{T}^{-1}=(\mathbf{1}\quad\boldsymbol{M})\begin{pmatrix}0 & \mathbf{0}_{1\times(N-1)}\\ \mathbf{0}_{(N-1)\times 1} & \boldsymbol{P}_1\end{pmatrix}\begin{pmatrix}\boldsymbol{\pi}^{\mathrm{T}}\\ \boldsymbol{M}^{\dagger}\end{pmatrix} \tag{3.69}$$

那么，由式(3.64)和 $\boldsymbol{T}$、$\boldsymbol{T}^{-1}$ 的定义可得 $\boldsymbol{P}\mathbf{1}=\mathbf{0}$，即 0 是矩阵 $\boldsymbol{P}$ 的一个简单特征值，其对应的零空间是 span($\mathbf{1}$)。同样的，对由式(3.68)确定的矩阵 $\boldsymbol{L}$，我们可以证明 $\boldsymbol{L}(\mathbf{1}^{\mathrm{T}}\quad\mathbf{0}^{\mathrm{T}})^{\mathrm{T}}=(\mathbf{0}^{\mathrm{T}}\quad\mathbf{0}^{\mathrm{T}})^{\mathrm{T}}$ 成立，这意味着 0 是矩阵 $\boldsymbol{L}$ 的一个简单特征值，其对应的零空间是 span($(\mathbf{1}^{\mathrm{T}}\quad\mathbf{0}^{\mathrm{T}})^{\mathrm{T}}$)。从而具有这样结构的矩阵 $\boldsymbol{L}$ 也满足式(3.53)、式(3.54)和式(3.60)，因此式(3.53)～式(3.55)成立，即式(3.52)成立。定理证明完毕。

注解 3.7　定理 3.1 中，对称半正定矩阵 $\boldsymbol{L}$ 是通过构造性证明给出的。而在文献[100]中，因为考虑的仅是无向图，其对应的邻接矩阵 $\boldsymbol{W}$ 是对称的，所以选取的矩阵 $\boldsymbol{L}$ 为

$$\boldsymbol{L}=\begin{pmatrix}\boldsymbol{I}-\boldsymbol{W} & 0\\ 0 & \gamma\boldsymbol{I}\end{pmatrix}$$

从而，要确定 $\boldsymbol{L}$ 只需定出常数 $\gamma>0$ 即可。基于邻接矩阵 $\boldsymbol{W}$ 是对称的这一事实，利用矩阵分解，文献[100]得到常数 $\gamma>0$ 的一个完整解析式，这个解析式清晰地表明了其与量化精度参数 $\bar{\delta}$、网络结构参数 $\lambda_{\min}=\min\limits_{i\in\mathcal{U}}\lambda_i$ 的关系。但需要指出的是，对称网络结构将会大大简化推导过程。但是，一旦网络结构是非对称的，这个特点将不复存在，从而使分析过程变得更加复杂和困难。这一点可以参考本章引理 3.3 和定理 3.1 的证明。此外，本章只能通过求解 LMI 式(3.67)给出常数 $\gamma>0$ 的一个数值解。因 LMI 式(3.67)的求解会随着网络维数的增大而使计算的复杂性增加，这是本书方法的不足。但式(3.51)揭示了最

终的一致性值对网络拓扑的依赖关系，而这一点在文献[100]并没有得到反映。因此，本章结论揭示了网络拓扑和量化信息对一致性的综合影响。

注解 3.8 当强连通有向网络是平衡的，即此时左特征向量 $\boldsymbol{\pi}=\left(\frac{1}{N},\cdots,\frac{1}{N}\right)^{\mathrm{T}}$，定理 3.1 结论包含了文献[100]所讨论的无向网络情形。因此，本章结论推广了文献[100]的相关结果。

注解 3.9 类似于式(3.57)，可以进一步验证存在一个充分小正整数 $\beta\in(0,1]$，对任意非零向量 $\boldsymbol{z}\in\operatorname{span}((\mathbf{1}^{\mathrm{T}}\quad\mathbf{0}^{\mathrm{T}})^{\mathrm{T}})^{\perp}$ 下式成立

$$\boldsymbol{z}^{\mathrm{T}}(\boldsymbol{R}_i^{\mathrm{T}}\boldsymbol{L}\boldsymbol{R}_j-\boldsymbol{L})\boldsymbol{z}<-\beta\boldsymbol{z}^{\mathrm{T}}\boldsymbol{L}\boldsymbol{z},\quad\forall\boldsymbol{R}_i,\boldsymbol{R}_j\in\mathbf{R}$$

这意味着由式(3.24)确定的解 $\boldsymbol{z}$ 将指数地收敛到一致性空间 $\operatorname{span}((\mathbf{1}^{\mathrm{T}}\quad\mathbf{0}^{\mathrm{T}})^{\mathrm{T}})$，即网络中所有个体状态依指数速度收敛到加权平均一致性。

3.5 仿真分析

分析图 3.4 所示的具有 6 个节点的固定强连通有向网络。

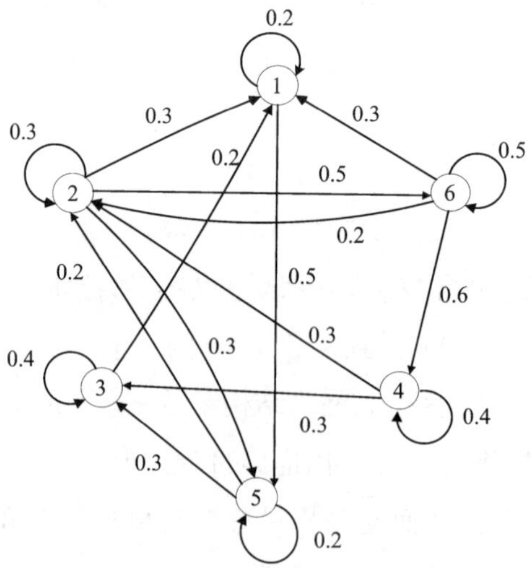

图 3.4 6 个节点的有向网络拓扑

网络对应的邻接矩阵

$$\boldsymbol{W}=\begin{pmatrix}0.2 & 0.3 & 0.2 & 0 & 0 & 0.3\\ 0 & 0.3 & 0 & 0.3 & 0.2 & 0.2\\ 0 & 0 & 0.4 & 0.3 & 0.3 & 0\\ 0 & 0 & 0 & 0.4 & 0 & 0.6\\ 0.5 & 0.3 & 0 & 0 & 0.2 & 0\\ 0 & 0.5 & 0 & 0 & 0 & 0.5\end{pmatrix}$$

显然，$\boldsymbol{W}$ 是一个随机矩阵且满足假设 3.1 的条件。$\boldsymbol{W}$ 的特征值 1 对应的唯一正的归一化左特征向量

$$\boldsymbol{\pi}=(0.0536\quad 0.3164\quad 0.0179\quad 0.1671\quad 0.0858\quad 0.3592)^{\mathrm{T}}$$

并且 $\boldsymbol{W}$ 其他模长小于 1 的特征值分别为

$$\lambda_2=0.5084,\quad \lambda_{3,4}=0.0783\pm 0.3573j,\quad \lambda_{5,6}=0.1675\pm 0.0759j$$

因此，$\boldsymbol{W}$ 的约尔当标准型为

$$\widetilde{\boldsymbol{W}}=\begin{pmatrix}1 & 0 & 0 & 0 & 0 & 0\\ 0 & 0.5084 & 0 & 0 & 0 & 0\\ 0 & 0 & 0.0286 & 0.1307 & 0 & 0\\ 0 & 0 & -0.1307 & 0.0286 & 0 & 0\\ 0 & 0 & 0 & 0 & 0.0308 & 0.0140\\ 0 & 0 & 0 & 0 & -0.0140 & 0.0308\end{pmatrix}$$

根据定理 3.1，此时满足式(3.30)的量化精度参数 δ 为 $0<\delta\leqslant 0.3691=\bar{\delta}$。在仿真中，我们取 $\delta=0.26$，6 个个体的初始状态值随机地取为

$$\boldsymbol{x}(0)=(3.9221\quad 5.5949\quad 2.5574\quad -3.6429\quad 4.4913\quad 5.3399)^{\mathrm{T}}$$

因此，期望的加权平均一致性值为 $\boldsymbol{\pi}^{\mathrm{T}}\boldsymbol{x}(0)=3.7209$。

利用 MATLAB 里的 LMI 工具箱可以求解得到，满足 LMI 式(3.67)的正定矩阵 $\boldsymbol{P}_1$ 和正常数 $\gamma>0$

$$\boldsymbol{P}_1=\begin{pmatrix}0.9867 & 0 & 0 & 0 & 0\\ 0 & 0.8381 & 0 & 0 & 0\\ 0 & 0 & 0.8381 & 0 & 0\\ 0 & 0 & 0 & 0.8240 & 0\\ 0 & 0 & 0 & 0 & 0.8240\end{pmatrix}$$

$$\gamma=1.5858$$

在实施本章提出的量化一致性算法式(3.12)时，注意到式(3.6)定义的对数量

化器 $\lg q_\delta(m)$ 的量化水平集 Γ_δ 是一个可列无限集，即对数量化器的量化水平是无限的。这给实际应用带来了一定的困难，因为实际的数字通道单位时间内只能传输有限数目的量化信息。因此，在实际应用中一般采用如下定义的截断对数量化器。

对给定的两个实数 $0<a<b$，截断对数量化器 $\lg q_\delta(m)$ 定义为[115]

当 $a\leqslant|m|\leqslant b$ 时，

$$\lg q_\delta(m)=\operatorname{sgn}(m)\left(\frac{1+\delta}{1-\delta}\right)^l$$

式中，$l\in\mathbf{Z}$ 并满足 $\frac{(1+\delta)^{l-1}}{(1-\delta)^l}\leqslant|m|\leqslant\frac{(1+\delta)^l}{(1-\delta)^{l+1}}$。其他情形下

$$\lg q_\delta(m)=\begin{cases}0, & |m|\leqslant a\\ \operatorname{sgn}(m)\lg q_\delta(b), & |m|>b\end{cases}$$

式中，符号函数 $\operatorname{sgn}(m)$ 的定义为

$$\operatorname{sgn}(m)=\begin{cases}1, & m>0\\ 0, & m=0\\ -1, & m<0\end{cases}$$

在仿真中，我们选取 $a=0.2737$，$b=56.0712$。这意味着当所有个体的初始状态满足 $x_i(0)\in[-b,b]$ 时，最终所有个体状态将渐近地收敛到区域 $x_i(k)\in[\boldsymbol{\pi}^{\mathrm{T}}\boldsymbol{x}(0)-a,\boldsymbol{\pi}^{\mathrm{T}}\boldsymbol{x}(0)+a]$ 内，此时网络中每个有向数字通道需要的量化水平 τ 为[115,176]

$$\tau=\frac{2\log_2 C}{\log_2\dfrac{1+\delta}{1-\delta}}$$

式中，$C=b/a=204.8637$。并且定义状态均方误差为

$$\operatorname{mse}(\boldsymbol{x}(k))=\sum_{i=1}^N\boldsymbol{\pi}_i\left(x_i(k)-\boldsymbol{\pi}^{\mathrm{T}}\boldsymbol{x}(0)\right)^2$$

图 3.5 和图 3.6 清晰地揭示了 6 个个体的状态指数的趋向期望的加权平均一致性值 $\boldsymbol{\pi}^{\mathrm{T}}\boldsymbol{x}(0)=3.7209$。因为仿真时我们采用截断对数量化器 $\lg q_\delta(m)$，所以个体的状态只能近似趋向加权平均一致性值 $\boldsymbol{\pi}^{\mathrm{T}}\boldsymbol{x}(0)=3.7209$。

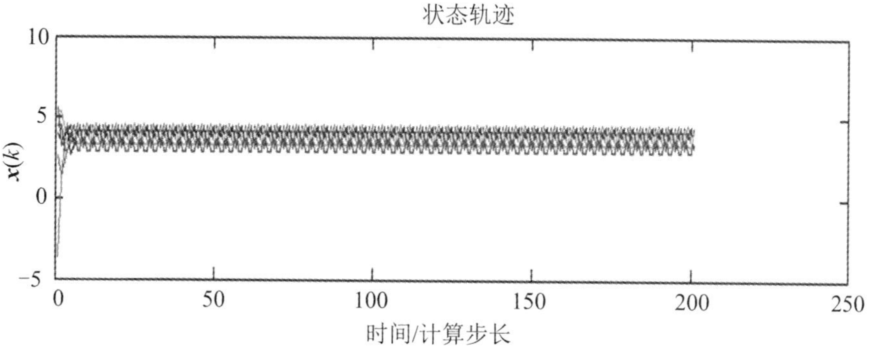

图 3.5　个体的状态轨迹

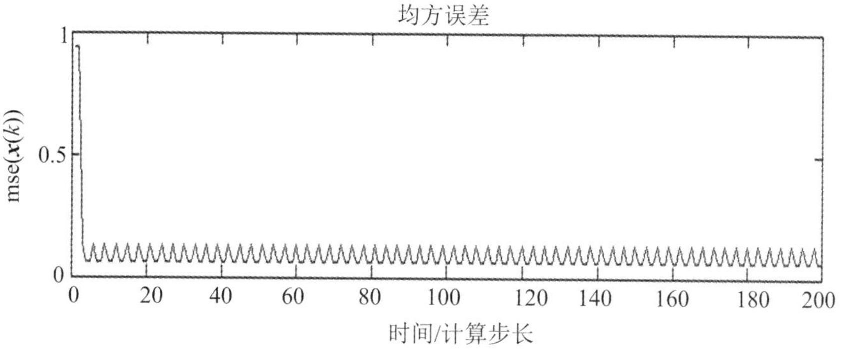

图 3.6　个体状态的均方误差

3.6　本章小结

在个体之间基于量化信息通信的情况下，本章研究了固定有向强连通网络的加权平均一致性问题。在假定随机邻接矩阵具有正对角元素的前提下，我们给出对数对称量化器参数的设计准则，从而确保在所提出的量化一致性算法作用下，所有个体状态指数收敛到加权平均一致性值。不同于已有的量化一致性相关结果，我们提出的量化一致性算法，允许个体之间的单向信息通信，从而增强了系统的鲁棒性，并且和双向/平衡信息通信相比，这也意味着将会降低网络在达到一致时所消耗的通信能量和信息流。同时，算法不再要求有向网络是平衡的，因而具有更广的应用范围。数值例子验证了理论分析的结果。

如何寻求其他有效的稳定性分析方法，消除基于 LMI 的稳定性判据所带来的保守性，将是一项值得进一步研究的课题。此外，如何将本章结论推广到具有通信时延的情形，也是一项非常有意义的工作。

第 4 章 基于一致量化策略的有向网络多个体系统一致性研究

4.1 引 言

在第 3 章中，我们研究了固定有向网络多个体系统基于对数量化策略的量化一致性问题，从理论上严格给出了所有个体达到一致时对数量化器的量化精度参数的选取准则。但因为对数量化器的量化水平集是一个可列无限集，即对数量化器的量化水平是无限的，这给实际应用带来了难以实施的问题，所以实际的数字通道单位时间内只能传输有限数目的量化信息。为了克服这个问题，文献[100]同时还研究了基于有限量化水平的一致量化策略的量化平均一致性问题，并且为了保证在实施过程中一致量化器不发生饱和现象，文献[100]针对一致量化器提出一种动态编码和解码设计方案，这种设计方案在文献[91]中进一步得到研究。文献[91,100]的研究结果表明,在这种动态编码和解码设计方案中,通过引入一个适当的比例函数,在每一时刻,任意成对邻居个体之间仅需要互惠地发送1比特量化信息,就足以确保网络中所有个体状态指数收敛到平均一致性。但因为文献[91,100]仅考虑无向网络情形,这就要求网络中的个体之间必须进行双向信息传递,并意味着通信算法需要消耗额外的通信开销,才能确保成对个体之间互相发送反馈信息,所以限制了其在实际中的应用范围。

正如第1章介绍的那样,在分布式网络中,特别是当网络运行在恶劣的环境中时,网络通道中存在的数据丢包或节点的链接失败等通信因素,往往会造成网络中个体间的双向或对称信息传递难以保证。因而在分布式情况下,个体间通常基于单向信息传递。此时,由于成对个体之间信息传递的不对称性,使得所有个体最终收敛的一致性值不可能是所有个体的严格平均值。但是,只要有向网络是强连通的,所有个体将最终收敛到它们初始状态的加权平均值,即网络达到加权平均一致性。

在此情况下,本章将进一步研究强连通固定有向网络多个体系统中个体之间基于有限量化信息通信的量化一致性问题。我们继续采用文献[91,100]提出的动态编码和解码设计方案,并从理论上给出严格证明:只要有向网络是强连通的,通过设计适当的一致量化器参数,在每一时刻,每个个体仅需非互惠地向其邻居个体及其自身发送1比特量化信息,就足以保证所有个体状态指数收敛到加权平均一致性。受文献[177]的相关研究启发,本章在进行闭环系统一致性收敛分析时构造的广义二次李雅普诺夫函数,充分体现了对随机邻接矩阵最大特征值对应的左特征向量这一描述有向网络拓扑特性关键参数的高度依赖关系,而文献[91]的闭环系统一致性收敛分析主要基于无向图的代数图谱理论和对称矩阵分解方法,其目的是将闭环系统变换成 $N-1$(N 为个体数目)个非耦合的子系统。与此同时,王耀等[98]等针对一般的弱连通固定有向网络多个体系统,证明了只要网络中存在一个有向生成树,则每个个体仅需非互惠地向其邻居个体发送1比特量化信息,就足以保证所有个体达到一致。但在确定动态一致量化器参数时需要求解一个二阶方程,这样得到的量化器参数并不能像本章得到的量化器参数一样,可以直观明了地反映其对有向网络拓扑属性的高度依赖关系。

4.2 问题描述

设有一个由 N 个个体组成的网络化多个体系统，$x_i(k)$表示个体 $i(i\in \mho)$ 在 k 时刻的状态，个体 i 的动力学方程

$$x_i(k+1)=x_i(k)+u_i(k),\quad k=0,1,2,\cdots,\quad i\in \mho \tag{4.1}$$

式中，$u_i(k)$是待设计的关于个体 i 的控制输入。

本章考虑的网络拓扑同样是固定有向情形，网络拓扑的相关定义见第 2 章或第 3 章的对应部分。为便于后面分析，现对有向网络 $G=(\mho,E)$以及描述其拓扑结构的随机邻接矩阵 $\boldsymbol{W}$ 作如下假定。

假设 4.1　有向图 G 是强连通的。邻接矩阵 $\boldsymbol{W}$ 具有正的对角元素，即存在一个已知正常数 $\rho>0$ 对任意 $i\in \mho$，有 $w_{ii}=1-\sum_{j\in N_i}w_{ij}>\rho$；同时，对任意 $i,j\in \mho$且 $i\neq j$，边权 $w_{ij}\in\{0\}\cup(\rho,1]$。

根据 Perron-Frobenius 定理[121]可知，若邻接矩阵 $\boldsymbol{W}$ 是一个具有正对角元素的随机矩阵，为确保其相对应的有向网络 $G=(\mho,E)$是强连通的，那么 1 是 $\boldsymbol{W}$ 的代数重数为 1 的最大特征值，且特征值 1 存在唯一一个正的归一化左特征向量 $\boldsymbol{\pi}=(\pi_1,\cdots,\pi_N)^{\mathrm{T}}$，满足 $\boldsymbol{\pi}^{\mathrm{T}}\boldsymbol{W}=\boldsymbol{\pi}^{\mathrm{T}}$，$\boldsymbol{\pi}^{\mathrm{T}}\mathbf{1}=\sum_{i=1}^{N}\pi_i=1$ 和 $\lim_{k\to\infty}\boldsymbol{W}^k=\mathbf{1}\boldsymbol{\pi}^{\mathrm{T}}$。

本章要研究的问题是：对于有向强连通网络，个体之间进行有限量化信息通信，其中的量化算法采用的是有限水平动态一致量化策略，我们需要给出适当的一致量化器参数设计准则，使得对任意给定的初始状态 $x_i(0)(i\in \mho)$，在提出的分布式量化一致性算法 $u_i(k)$作用下，多个体系统式(4.1)最终实现加权平均一致性

$$\lim_{k\to\infty}\boldsymbol{x}(k)=\Big(\sum_{i=1}^{N}\pi_i x_i(0)\Big)\mathbf{1} \tag{4.2}$$

即任意个体状态最终收敛到所有个体初始状态的加权平均值。其中，$\boldsymbol{x}(k)=(x_1(k),\cdots,x_N(k))^{\mathrm{T}}$。

4.3 基于有限量化信息通信的一致性算法

4.3.1 基于动态一致量化策略的量化通信

第 3 章我们采用的是静态对数量化策略，因为对数量化器的量化水平是无限的，所以这给实际应用带来了困难。为了克服这一困难，本章将采用文献[91]提出的具有有限量化水平的动态一致对称量化策略。图 4.1 为基于动态一致量化策略的量化通信示意图[116]。

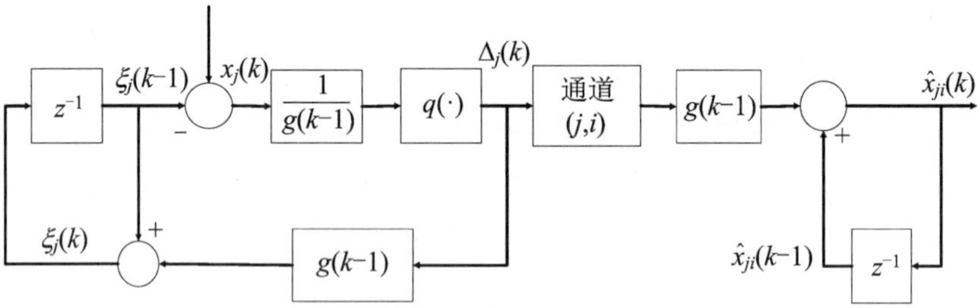

图 4.1 基于动态一致量化策略的量化通信

对于个体 i 和 j，若 $w_{ij}>0$，那么有向边 (j,i) 是连通的，个体 j 是 i 的入度邻居并向其发送信息。个体 j 对其自身状态进行编码实际上依赖其自身编码器 Φ_j 的编码算法

$$\begin{cases}\xi_j(0)=0\\ \xi_j(k)=\xi_i(k-1)+g(k-1)\Delta_j(k)\\ \Delta_j(k)=\mathrm{q}\left(\dfrac{x_j(k)-\xi_j(k-1)}{g(k-1)}\right),\quad k=1,2,\cdots\end{cases}\tag{4.3}$$

式中，$x_j(k)$ 是个体 j 的实值状态；$\xi_j(k)$ 是个体 j 的编码器 Φ_j 在 k 时刻的内部变量；$\Delta_j(k)$ 是编码器 Φ_j 在 k 时刻的输出变量，即符号码，将沿有向边 (j,i) 发送给个体 i；$q(\cdot)$ 表示一个具有有限量化水平的一致对称量化器；$g(k)=$

$g_0\gamma^k>0$是一个动态比例函数，$g_0>0$ 表示 $g(k)$的初始值，$0<\gamma<1$ 是一个比例系数，g_0 和 γ 是待设计的参数。引入动态比例函数 $g(k)$的目的是为了避免一致量化器在运行过程中出现饱和。

当个体 i 接收到由个体 j 发送的$\Delta_j(k)$时，个体 i 将利用自身的解码器对个体 j 的状态 $x_j(k)$进行估计。与式(4.3)相对应，个体 i 沿有向边(j,i)的解码器Ψ_{ji}的解码算法定义为

$$\begin{cases}\hat{x}_{ji}(0)=0\\ \hat{x}_{ji}(k)=\hat{x}_{ji}(k-1)+g(k-1)\Delta_j(k), \quad k=1,2,\cdots\end{cases} \tag{4.4}$$

式中，$\hat{x}_{ji}(k)$是解码器 Ψ_{ji}在 k 时刻的输出变量，表示个体 i 基于接收到的符号码$\Delta_j(k)$对个体 j 的状态 $x_j(k)$的估计。因此，若个体 i 有$|N_i|$个邻居，则相应的个体 i 需要有$|N_i|$个解码器 Ψ_{ji}对这些邻居个体的状态进行估计。式(4.3)和式(4.4)只是标量形式的定义，完全可以类似地推广到向量形式。

式(4.3)中的量化器 $q(\cdot):\mathbf{R}\to\Gamma$ 本质上是将实数域映射到离散的量化水平集合Γ。本章将采用具有有限量化水平的动态一致量化器，其定义为

$$q(m)=\begin{cases}0, & -\dfrac{1}{2}<m<\dfrac{1}{2}\\ i, & \dfrac{2i-1}{2}\leqslant m<\dfrac{2i+1}{2}\\ K, & m\geqslant\dfrac{2K-1}{2}\\ -\mathrm{q}(-m), & m<-\dfrac{1}{2}\end{cases} \tag{4.5}$$

式中，m 是一个实数，K 是一个正整数。量化水平集 $\Gamma=\{0,\pm i,i=1,2,\cdots,K\}$仅含有有限的元素。因此，一致量化器的量化水平(即数据率)为 $2K+1$。一致对称量化器如图 4.2 所示。由图 3.1 可知，当$|m|\leqslant K+\dfrac{1}{2}$时，若量化误差满足$|m-q(m)|\leqslant\dfrac{1}{2}$，则称一致量化器没有饱和。

因为本章考虑的是有向固定拓扑网络，所以我们假定所有有向边的量化器都一样。同时，为了避免与网络中边的断开，即与 $w_{ij}=0$ 时的情形相混淆，当量化器的输出为零，即 $q(m)=0$ 时，这个“0”并不需要沿着任意连通的有向边传递出去。因此，即使一致量化器的量化水平为 $2K+1$，我们也只是称量化器

仅含有$\lceil \log_2(2K) \rceil$比特量化信息。特别的是,当 $K=1$ 时一致量化器为

$$q(m)=\begin{cases}0, & -\frac{1}{2}<m<\frac{1}{2}\\ 1, & m\geqslant\frac{1}{2}\\ -1, & m\leqslant-\frac{1}{2}\end{cases}$$

上式表示实数 m 经一致量化器处理后,仅输出 1 比特或 3 量化水平的量化信息。此时,$q(m)$相当于一个符号函数 $\mathrm{sgn}(m)$,文献[96,108,109]指出采用这种最简单量化策略的一致性算法也称为二进制算法。

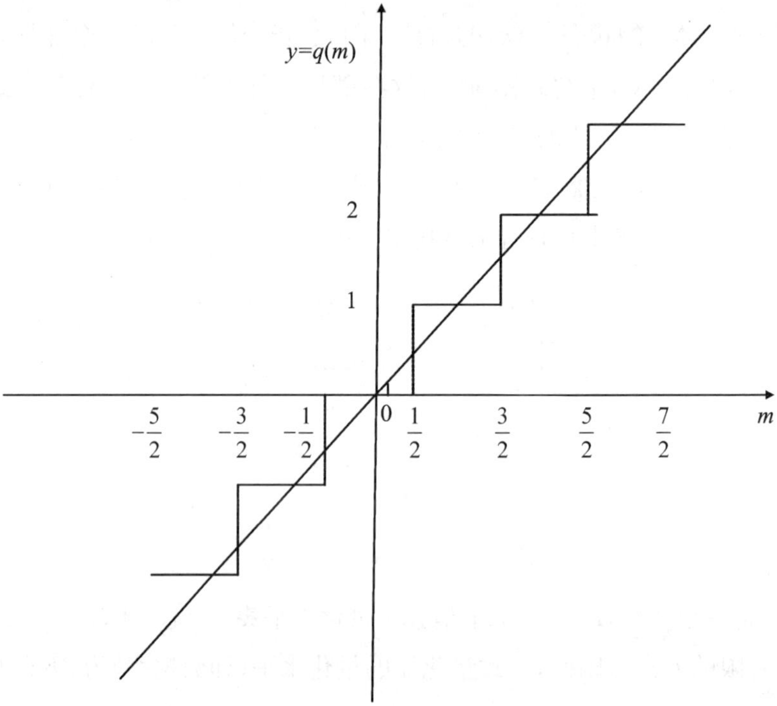

图 4.2　一致对称量化器

注解 4.1　由上可知,因为引入了一致对称量化器,当实值状态 $x_j(k)$沿有向通道(j,i)传输时,在通道的另一端得到的是 $x_j(k)$的估计值 $\hat{x}_{ji}(k)$。比较式(4.3)和式(4.4)可知,对任意 $i\in \mathcal{V}, j\in N_i\cup\{i\}, k=0,1,2,\cdots$,总有 $\hat{x}_{ji}(k)=\xi_j(k)$成立。即编码器 $\Phi_j(\cdot)$的内部状态 $\xi_j(k)$等于个体 j 的邻居对其状态 $x_j(k)$的估计。

4.3.2 基于动态一致量化策略的一致性算法设计

针对无向图情形，文献[91]研究了如何设计一致量化器的参数 g_0、γ 和 K，从而确保网络最终实现平均一致性。正如在引言中所介绍的，研究有向网络比无向网络更具有实际意义。因此，我们将对以下内容展开研究：当有向网络是强连通时，如何设计合适的一致量化器，使其在提出的一致性量化算法作用下，网络中的所有个体能够基于有限量化信息通信，并最终实现加权平均一致性。

因为我们假定有向网络中的所有个体均具有自环，所以每个个体都可以获得自身状态的估计值。基于这一事实，针对有向网络情形，我们提出如下基于有限量化信息通信的一致性算法，或者说任意个体 i 的控制输入为

$$u_i(k)=\alpha\sum_{j\in N_i}w_{ij}(\hat{x}_{ji}(k)-\hat{x}_{ii}(k)) \tag{4.6}$$

式中，控制增益 $\alpha\in(0,1]$是一个已知常数。在后面的一致性收敛分析部分我们将看到，减小控制增益 α 将会大大降低每个信息通道（即每个有向连边）所需要的量化信息比特数目，甚至最低只需要每个有向通道传输 1 比特量化信息，就可以确保所有个体达成一致，从而大大降低整个网络达到一致所需要的量化信息总量。同时，式(4.3)～式(4.5)意味着量化一致性算法式(4.6)完全由一致量化器的动态比例函数 $g(k)=g_0\gamma^k$ 和量化水平参数 K 来描述。

因为 $\hat{x}_{ji}(k)=\xi_j(k)$ 对任意 $i\in\mho$，$j\in N_i\cup\{i\}$，$k=0,1,2,\cdots$ 成立，所以由算法式(4.6)可得

$$\begin{aligned}
u_i(k)&=\alpha\sum_{j\in \boldsymbol{N}_i}w_{ij}(\hat{x}_{ji}(k)-\hat{x}_{ii}(k))\\
&=\alpha\sum_{j\in \boldsymbol{N}_i}w_{ij}(\hat{x}_{ji}(k)-x_j(k)+x_j(k)-x_i(k)+x_i(k)-\hat{x}_{ii}(k))\\
&=\alpha\sum_{j\in \boldsymbol{N}_i}w_{ij}(x_j(k)-x_i(k))-\alpha\sum_{j\in \boldsymbol{N}_i}w_{ij}(x_j(k)-\hat{x}_{ji}(k))\\
&\quad+\alpha\sum_{j\in \boldsymbol{N}_i}w_{ij}(x_i(k)-\hat{x}_{ii}(k))\\
&=\alpha\sum_{j\in \boldsymbol{N}_i}w_{ij}(x_j(k)-x_i(k))-\alpha\sum_{j\in \boldsymbol{N}_i}w_{ij}(x_j(k)-\hat{x}_{ji}(k))\\
&\quad+\alpha(1-w_{ii})(x_i(k)-\hat{x}_{ii}(k))
\end{aligned} \tag{4.7}$$

式中，第四个等式可利用假设 4.1 得到。和第 2 章类似，本章提出的量化一致性算法式(4.6)同样由三项组成。第一项 $\alpha\sum_{j\in \boldsymbol{N}_i} w_{ij}(x_j(k)-x_i(k))$ 是没有量化时的一致性算法，在算法式(4.6)中起主要作用。第二项 $-\alpha\sum_{j\in \boldsymbol{N}_i} w_{ij}(x_j(k)-\hat{x}_{ji}(k))$ 表示个体 i 对其所有个体状态 $x_j(k)(j\in N_i)$ 进行估计的累计误差。第三项 $\alpha(1-w_{ii})(x_i(k)-\hat{x}_{ii}(k))$ 表示个体 i 沿自环对其自身状态 $x_i(k)$ 进行估计的误差。

注解 4.2 若无向网络中的所有个体均没有自环，那么将无法获得其自身状态 $x_i(k)$ 的估计值 $\hat{x}_{ii}(k)$，但可以获得其自身的编码器 Φ_i 的内部状态 $\xi_i(k)$。为此，文献[91]提出了拉普拉斯形式的量化一致性算法

$$u_i(k)=h\sum_{j\in N_i} a_{ij}(\hat{x}_{ji}(k)-\xi_i(k)) \tag{4.8}$$

式中，h 是待设计的控制增益参数，$a_{ij}=a_{ji}(i\neq j)$ 为无向网络的拉普拉斯矩阵对应位置的元素。这样的一致性算法也同样被文献[98]采用。因为个体没有自环，所以 $\hat{x}_{ji}(k)=\xi_j(k)$ 对任意 $i\in \mathcal{V}, j\in N_i, k=0,1,2,\cdots$ 成立，则由算法式(4.8)可知，文献[91]提出的量化一致性算法同样由三项组成

$$\begin{aligned}
u_i(k)&=h\sum_{j\in N_i} a_{ij}(\hat{x}_{ji}(k)-\xi_i(k))\\
&=h\sum_{j\in N_i} a_{ij}(\hat{x}_{ji}(k)-x_j(k)+x_j(k)-x_i(k)+x_i(k)-\xi_i(k))\\
&=h\sum_{j\in N_i} a_{ij}(x_j(k)-x_i(k))-h\sum_{j\in N_i} a_{ij}(x_j(k)-\hat{x}_{ji}(k))\\
&\quad +h\sum_{j\in N_i} a_{ji}(x_i(k)-\xi_i(k))
\end{aligned} \tag{4.9}$$

和第 2 章类似，式(4.9)中的第三项主要基于 $a_{ij}=a_{ji}(i\neq j)$ 得到，表示的是个体 i 的邻居个体 $j\in N_i$ 对其状态 $x_i(k)$ 进行估计的累计误差，被称为对称误差补偿项。其在算法式(4.9)中具有非常重要的作用，正是因为有对称误差补偿项以及无向网络的对称性，所以算法式(4.9)具有对称误差补偿机制，这个机制可以确保无向网络在量化信息通信下仍保持平均一致不变性这一特性[139]，从而让所有个体达到平均一致性。但对于有向网络，$a_{ij}>0$ 并不意味着 $a_{ji}>0$，因此算法式(4.6)和式(4.9)的根本区别就在于第三项。要得到平均一致性，这意味着算法式(4.9)需要消耗额外的通信开销，如信息回复、重发等[172]，因为我们提出的算法式(4.6)不需要信息回复或重发，所以更适用于数字通信网络。

同时需要明确的是：由于网络拓扑是时不变的，算法式(4.9)意味着个体 i 具有 $|N_i|$ 个解码器 Ψ_{ji}，而算法式(4.6)意味着个体 i 具有 $|N_i|+1$ 解码器 Ψ_{ji}，这个额外的解码器就是 Ψ_{ii}。据此，本章和文献[91,98]的主要区别在于：考虑的网络拓扑不同，提出的量化一致性算法的本质也不同。

令群体系统的估计误差向量 $\boldsymbol{e}(k)=\boldsymbol{x}(k)-\boldsymbol{\xi}(k)\in\mathbf{R}^N$，式中 $\boldsymbol{\xi}(k)=(\xi_1(k),\cdots,\xi_N(k))^{\mathrm{T}}$ 表示编码器内部状态向量。把控制输入式(4.6)代入式(4.1)，可得紧凑形式的动力学方程

$$\begin{aligned}\boldsymbol{x}(k+1)&=[(1-\alpha)\boldsymbol{I}+\alpha\boldsymbol{W}]\boldsymbol{x}(k)+\alpha(\boldsymbol{I}-\boldsymbol{W})\boldsymbol{e}(k)\\&=\boldsymbol{P}\boldsymbol{x}(k)+\alpha(\boldsymbol{I}-\boldsymbol{W})\boldsymbol{e}(k)\end{aligned}\tag{4.10}$$

其中，矩阵 $\boldsymbol{P}\triangleq(1-\alpha)\boldsymbol{I}+\alpha\boldsymbol{W}=(p_{ij})_{N\times N}$ 称为迭代矩阵。文献[100]基于对数量化策略研究了 $\alpha=1$ 时无向网络的平均一致性问题。

注解 4.3　因为单位矩阵 $\boldsymbol{I}$ 和 $\boldsymbol{W}$ 均为随机矩阵，所以它们的凸组合 $\boldsymbol{P}$ 也是一个随机矩阵，并且 $\boldsymbol{W}$ 和 $\boldsymbol{P}$ 对应着相同的有向图 G，只是对应的有向边具有不同的边权。另外，对任意 $w_{ij}>0$，都有 $1\geqslant p_{ij}=(1-\alpha)+\alpha w_{ij}\geqslant\alpha w_{ij}\geqslant\alpha\rho>0$，并且 $1\geqslant(1-\alpha)+\alpha w_{ii}=p_{ii}\geqslant\alpha w_{ii}\geqslant\alpha\rho>0$ 成立。

注解 4.4　由方程式(4.10)可得

$$\boldsymbol{\pi}^{\mathrm{T}}\boldsymbol{x}(k+1)=\boldsymbol{\pi}^{\mathrm{T}}\boldsymbol{P}\boldsymbol{x}(k)+\alpha\boldsymbol{\pi}^{\mathrm{T}}(\boldsymbol{W}-\boldsymbol{I})\hat{x}(k)=\boldsymbol{\pi}^{\mathrm{T}}\boldsymbol{x}(k)\tag{4.11}$$

式中，第二个等式由 $\boldsymbol{\pi}^{\mathrm{T}}\boldsymbol{P}=\boldsymbol{\pi}^{\mathrm{T}}$ 和 $\boldsymbol{\pi}^{\mathrm{T}}(\boldsymbol{W}-\boldsymbol{I})=\boldsymbol{\pi}^{\mathrm{T}}-\boldsymbol{\pi}^{\mathrm{T}}=0$ 得到。式(4.11)表明，提出的量化一致性算法式(4.6)能够保证整个网络具有加权平均一致不变性这一特性，平均一致不变性是其特例。

定义一致性误差向量 $\boldsymbol{\delta}(k)=(\boldsymbol{I}-\boldsymbol{1}\boldsymbol{\pi}^{\mathrm{T}})\boldsymbol{x}(k)$，则 $\boldsymbol{\delta}(k)$ 描述了个体的状态 $\boldsymbol{x}(k)$ 到加权平均一致性流形 $l=\{(\boldsymbol{\pi}^{\mathrm{T}}\boldsymbol{x}(k))\boldsymbol{1}\mid\boldsymbol{x}(k)\in\mathbf{R}^N\}$ 的偏离程度，并满足动力学方程

$$\boldsymbol{\delta}(k+1)=[(1-\alpha)\boldsymbol{I}+\alpha\boldsymbol{W}]\boldsymbol{\delta}(k)+\alpha(\boldsymbol{I}-\boldsymbol{W})\boldsymbol{e}(k)\tag{4.12}$$

此外，估计误差 $\boldsymbol{e}(k)$ 满足动力学方程

$$\begin{aligned}\boldsymbol{e}(k+1)&=\boldsymbol{x}(k+1)-\boldsymbol{\xi}(k+1)\\&=\boldsymbol{x}(k+1)-\boldsymbol{\xi}(k)-g(k)\boldsymbol{Q}\left(\frac{\boldsymbol{x}(k+1)-\boldsymbol{\xi}(k)}{g(k)}\right)\\&=\alpha(\boldsymbol{W}-\boldsymbol{I})\boldsymbol{\delta}(k)+[(1+\alpha)\boldsymbol{I}-\alpha\boldsymbol{W}]\boldsymbol{e}(k)\\&\quad-g(k)\boldsymbol{Q}\left\{\frac{\alpha(\boldsymbol{W}-\boldsymbol{I})\boldsymbol{\delta}(k)+[(1+\alpha)\boldsymbol{I}-\alpha\boldsymbol{W}]\boldsymbol{e}(k)}{g(k)}\right\}\end{aligned}\tag{4.13}$$

式中，$\boldsymbol{Q}((m_1 \quad \cdots \quad m_N)^{\mathrm{T}})=(q(m_1) \quad \cdots \quad q(m_N))^{\mathrm{T}}$ 表示向量量化器，其每一个分量 $q(m_i)$ 的定义见式(4.5)。

因为一致量化器是对预测误差 $\boldsymbol{x}(k)-\boldsymbol{\xi}(k-1)$ 进行量化，所以若令变量 $\tilde{\boldsymbol{e}}(k)=\dfrac{\boldsymbol{x}(k+1)-\boldsymbol{\xi}(k)}{g(k)}$，则其量化误差为

$$\begin{aligned}\boldsymbol{\beta}(k) &= \tilde{\boldsymbol{e}}(k)-q(\tilde{\boldsymbol{e}}(k)) \\ &= \frac{\boldsymbol{x}(k+1)-\hat{\boldsymbol{x}}(k)}{g(k)}-q\left(\frac{\boldsymbol{x}(k+1)-\hat{\boldsymbol{x}}(k)}{g(k)}\right)\end{aligned} \tag{4.14}$$

式(4.13)可简记为

$$\boldsymbol{e}(k+1)=g(k)\boldsymbol{\beta}(k) \tag{4.15}$$

综合以上分析可知：如果量化误差 $\boldsymbol{\beta}(k)$ 有界，则当 $k\to\infty$ 时，误差向量 $\boldsymbol{e}(k)$ 渐近地趋于零向量。而量化误差 $\boldsymbol{\beta}(k)$ 有界的关键是如何设计适当的量化器参数，使得式(4.5)定义的一致对称量化器在运行的过程中始终没有饱和。

因此，有向网络上多个体系统基于有限量化信息通信的加权一致性问题可描述为：在有向图 G 强连通的前提下，如何设计一致对称量化器的动态比例函数 $g(k)=g_0\gamma^k>0$ 中的常数 g_0 和 γ，以及量化水平参数 K，使其在提出的控制输入式(4.6)作用下，网络中所有个体状态最终收敛到期望的 $\sum_{i=1}^{N}\pi_i x_i(0)$。很显然，当且仅当一致性误差方程式(4.12)在原点 $\delta=0$ 渐近稳定，网络达到量化加权一致性。

注解 4.5 针对无向图情形，文献[91]中设计的量化一致性算法式(4.9)对应的随机矩阵 $\boldsymbol{P}$ 是一类特殊的拉普拉斯矩阵形式，即 $\boldsymbol{P}=\boldsymbol{I}-h\boldsymbol{L}$，其中的 $\boldsymbol{L}$ 是对应于无向图 G 的拉普拉斯矩阵，也是一个对称矩阵，因而可以相似对角化。$h\in\left(0,\dfrac{2}{\lambda_N}\right)$ 是一个待设计的控制增益参数，这里 λ_N 是拉普拉斯矩阵 $\boldsymbol{L}$ 的最大特征值。因为文献[91]的理论分析主要是基于矩阵分解和无向图的图谱理论，所以并不适用于本章的有向图情况，因为有向网络意味着个体间可以进行单向信息传递，这将导致对应的拉普拉斯矩阵 $\boldsymbol{L}$ 不再是对称的。此外，提出的量化一致性算法式(4.6)仅要求：有向图对应的邻接矩阵 $\boldsymbol{W}$(即矩阵 $\boldsymbol{P}$)是一个具有正对角元的随机矩阵。当文献[91]中的邻接矩阵 $\boldsymbol{P}=\boldsymbol{I}-h\boldsymbol{L}$ 满足条件 $h\in\left(0,\dfrac{2}{\lambda_N}\right)$ 时，则 $p_{ii}>0(i=1,2,\cdots,N)$ 自然成立[49,138]。因此，和文献[91]的量化

一致性算法相比，本书提出的量化一致性算法要求更弱的网络拓扑条件。

4.3.3 相关引理

为了便于在下一节进行一致性收敛分析，我们将在本小节建立一条引理。为此考虑基于精确信息通信的闭环系统

$$\boldsymbol{x}(k+1)=[(1-\alpha)\boldsymbol{I}+\alpha\boldsymbol{W}]\boldsymbol{x}(k)=\boldsymbol{P}\boldsymbol{x}(k) \tag{4.16}$$

并构造广义二次李雅普诺夫函数[177]

$$\begin{aligned}V(\boldsymbol{x}(k))&=\boldsymbol{x}^{\mathrm{T}}(k)(\boldsymbol{I}-\boldsymbol{\pi}\mathbf{1}^{\mathrm{T}})\boldsymbol{D}(\boldsymbol{I}-\mathbf{1}\boldsymbol{\pi}^{\mathrm{T}})\boldsymbol{x}(k)\\&=\boldsymbol{x}^{\mathrm{T}}(k)(\boldsymbol{D}-\boldsymbol{\pi}\boldsymbol{\pi}^{\mathrm{T}})\boldsymbol{x}(k)\\&=\sum_{i=1}^{N}\pi_i\left(x_i(k)-\boldsymbol{\pi}^{\mathrm{T}}\boldsymbol{x}(k)\right)^2\\&=\|\delta(k)\|_{\boldsymbol{D}}^2\end{aligned} \tag{4.17}$$

式中，$\boldsymbol{D}=\mathrm{diag}(\pi_1,\cdots,\pi_N)$。上式中的第二个等式利用了如下事实：$\mathbf{1}^{\mathrm{T}}\boldsymbol{D}=\boldsymbol{\pi}^{\mathrm{T}}$，$\boldsymbol{D}\mathbf{1}=\boldsymbol{\pi}$ 和 $\boldsymbol{\pi}^{\mathrm{T}}\mathbf{1}=1$。显然，广义二次李雅普诺夫函数 $V(\boldsymbol{x}(k))$ 具有十分明晰的几何意义，即 $V(\boldsymbol{x}(k))$ 实质上描述的是一致性误差 $\boldsymbol{\delta}(k)$ 在范数 $\|\cdot\|_{\boldsymbol{D}}$ 意义下的加权距离(图 4.3)。对于平衡有向图情形，即 $\boldsymbol{\pi}=\left(\frac{1}{N}\ \cdots\ \frac{1}{N}\right)^{\mathrm{T}}$，$\boldsymbol{D}=\frac{1}{N}\boldsymbol{I}$，则有

$$\begin{aligned}V(\boldsymbol{x}(k))&=\boldsymbol{x}^{\mathrm{T}}(k)(\boldsymbol{I}-\boldsymbol{\pi}\mathbf{1}^{\mathrm{T}})\boldsymbol{D}(\boldsymbol{I}-\mathbf{1}\boldsymbol{\pi}^{\mathrm{T}})\boldsymbol{x}(k)\\&=\frac{1}{N}\boldsymbol{x}^{\mathrm{T}}(k)(\boldsymbol{I}-J_N)^{\mathrm{T}}(\boldsymbol{I}-J_N)\boldsymbol{x}(k)\\&=\frac{1}{N}\sum_{i=1}^{N}\left(x_i(k)-\frac{1}{N}\mathbf{1}^{\mathrm{T}}\boldsymbol{x}(k)\right)^2\end{aligned} \tag{4.18}$$

此时，$V(\boldsymbol{x}(k))$ 即为通常研究平均一致性情形时所构造的二次李雅普诺夫函数。

引理 4.1　假设式(4.1)成立，则对满足式(4.16)的任意 $\boldsymbol{x}(k)\in\mathbf{R}^N$，下式成立

$$\begin{aligned}V(\boldsymbol{x}(k+1))&=\|\boldsymbol{\delta}(k+1)\|_{\boldsymbol{D}}^2\\&=\|\boldsymbol{P}\delta(k)\|_{\boldsymbol{D}}^2\\&=\boldsymbol{x}^{\mathrm{T}}(k)\boldsymbol{P}^{\mathrm{T}}(\boldsymbol{D}-\boldsymbol{\pi}\boldsymbol{\pi}^{\mathrm{T}})\boldsymbol{P}\boldsymbol{x}(k)\end{aligned}$$

$$\leqslant\left(1-\frac{\eta}{2(N-1)}\right)V(\boldsymbol{x}(k)) \tag{4.19}$$

式中，$1>\eta=\pi_{\min}\alpha\rho>0$，$\pi_{\min}=\min\limits_{1\leqslant i\leqslant N}\pi_i$，$\boldsymbol{\pi}=(\pi_1,\cdots,\pi_N)^{\mathrm{T}}$。

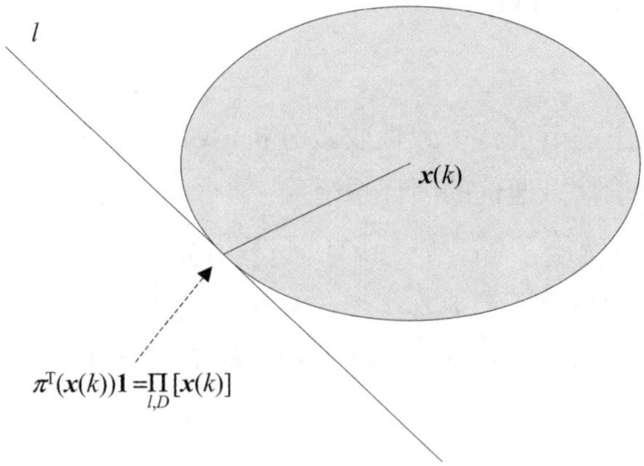

图 4.3　广义二次李雅普诺夫函数 $V(x(k))$ 的几何意义

证明　由式(4.16)和式(4.17)可知

$$\begin{aligned}
V(\boldsymbol{x}(k+1)) &= \boldsymbol{x}^{\mathrm{T}}(k)\boldsymbol{P}^{\mathrm{T}}(\boldsymbol{D}-\boldsymbol{\pi}\boldsymbol{\pi}^{\mathrm{T}})\boldsymbol{P}\boldsymbol{x}(k)\\
&= \boldsymbol{x}^{\mathrm{T}}(k)\boldsymbol{P}^{\mathrm{T}}\boldsymbol{D}\boldsymbol{W}\boldsymbol{x}(k)-\boldsymbol{x}^{\mathrm{T}}(k)\boldsymbol{P}^{\mathrm{T}}\boldsymbol{\pi}\boldsymbol{\pi}^{\mathrm{T}}\boldsymbol{P}\boldsymbol{x}(k)\\
&= \boldsymbol{x}^{\mathrm{T}}(k)\boldsymbol{P}^{\mathrm{T}}\boldsymbol{D}\boldsymbol{P}\boldsymbol{x}(k)-(\boldsymbol{\pi}^{\mathrm{T}}\boldsymbol{P}\boldsymbol{x}(k))^{\mathrm{T}}(\boldsymbol{\pi}^{\mathrm{T}}\boldsymbol{P}\boldsymbol{x}(k))\\
&= \boldsymbol{x}^{\mathrm{T}}(k)\boldsymbol{P}^{\mathrm{T}}\boldsymbol{D}\boldsymbol{P}\boldsymbol{x}(k)-\boldsymbol{x}^{\mathrm{T}}(k)\boldsymbol{\pi}^{\mathrm{T}}\boldsymbol{\pi}\boldsymbol{x}(k)\\
&= \boldsymbol{x}^{\mathrm{T}}(k)[\boldsymbol{P}^{\mathrm{T}}\boldsymbol{D}\boldsymbol{P}-\boldsymbol{\pi}^{\mathrm{T}}\boldsymbol{\pi}]\boldsymbol{x}(k)\\
&= \boldsymbol{x}^{\mathrm{T}}(k)[\boldsymbol{P}^{\mathrm{T}}\boldsymbol{D}\boldsymbol{P}-\boldsymbol{D}+\boldsymbol{D}-\boldsymbol{\pi}^{\mathrm{T}}\boldsymbol{\pi}]\boldsymbol{x}(k)\\
&= \boldsymbol{x}^{\mathrm{T}}(k)[\boldsymbol{P}^{\mathrm{T}}\boldsymbol{D}\boldsymbol{P}-\boldsymbol{D}]\boldsymbol{x}(k)+\boldsymbol{x}^{\mathrm{T}}(k)(\boldsymbol{D}-\boldsymbol{\pi}^{\mathrm{T}}\boldsymbol{\pi})\boldsymbol{x}(k)\\
&= \boldsymbol{x}^{\mathrm{T}}(k)[\boldsymbol{P}^{\mathrm{T}}\boldsymbol{D}\boldsymbol{P}-\boldsymbol{D}]\boldsymbol{x}(k)+V(\boldsymbol{x}(k))
\end{aligned} \tag{4.20}$$

令 $\boldsymbol{P}^{\mathrm{T}}\boldsymbol{D}\boldsymbol{P}=\boldsymbol{H}=(H_{ij})_{N\times N}$，则对称矩阵 $\boldsymbol{H}$ 的元素 H_{ij} 为 $H_{ij}=\sum\limits_{s=1}^{N}\pi_s p_{si}p_{sj}$。因此对任意 $i\in\{1,\cdots,N\}$成立

$$\sum_{j=1,j\neq i}^{N}H_{ij}=\sum_{j=1,j\neq i}^{N}\sum_{s=1}^{N}\pi_s p_{si}p_{sj}=\sum_{s=1}^{N}\pi_s p_{si}\sum_{j=1,j\neq i}^{N}p_{sj} \tag{4.21}$$

注意到矩阵 $\boldsymbol{P}$ 是一个随机矩阵，故有关系式 $\sum\limits_{j=1,j\neq i}^{N}p_{sj}=1-p_{si}$，将其代入上式可得

$$\sum_{j=1,j\neq i}^{N}H_{ij}=\sum_{j=1,j\neq i}^{N}\sum_{s=1}^{N}\pi_s p_{si}p_{sj}=\sum_{s=1}^{N}\pi_s p_{si}\sum_{j=1,j\neq i}^{N}p_{sj}$$

$$= \sum_{s=1}^{N} \pi_s p_{si}(1 - p_{si}) = \sum_{s=1}^{N} \pi_s p_{si} - \sum_{s=1}^{N} \pi_s p_{si}^2$$
$$= \pi_i - H_{ii} \tag{4.22}$$

上式中的最后一个等式利用到等式 $\boldsymbol{\pi}^{\mathrm{T}}\boldsymbol{W} = \boldsymbol{\pi}^{\mathrm{T}}$。因为 $D = \mathrm{diag}(\pi_1 \quad \cdots \quad \pi_N)$，所以

$$H_{ii} = D_{ii} - \sum_{j=1, j\neq i}^{N} H_{ij}, \quad i = 1, \cdots, N \tag{4.23}$$

成立，从而对任意 $\boldsymbol{x}(k) \in \mathbf{R}^N$，可得

$$\begin{aligned} \boldsymbol{x}^{\mathrm{T}}(k)\boldsymbol{H}\boldsymbol{x}(k) &= \sum_{i=1}^{N} x_i(k) \sum_{j=1}^{N} H_{ij} x_j(k) \\ &= \sum_{i=1,}^{N} x_i(k) \sum_{j=1, j\neq i}^{N} H_{ij} x_j(k) + \sum_{i=1}^{N} x_i(k) H_{ii} x_i(k) \\ &= \sum_{i=1}^{N} x_i(k) \sum_{j=1, j\neq i}^{N} H_{ij}(x_j(k) - x_i(k)) + \sum_{i=1}^{N} x_i(k) D_{ii} x_i(k) \end{aligned} \tag{4.24}$$

因为 $\boldsymbol{H}$ 是一个对称矩阵，所以可进一步得到

$$\sum_{i=1,}^{N} x_i(k) \sum_{j=1, j\neq i}^{N} H_{ij}(x_j(k) - x_i(k)) = -\sum_{i<j} H_{ij}\ (x_i(k) - x_j(k))^2 \tag{4.25}$$

这里 $\sum_{i<j} = \sum_{j=1}^{N} \sum_{i=1}^{j-1}$。将上式代入式(4.24)可得

$$\boldsymbol{x}^{\mathrm{T}}(k)\boldsymbol{H}\boldsymbol{x}(k) = -\sum_{i<j} H_{ij}\ (x_i(k) - x_j(k))^2 + \boldsymbol{x}^{\mathrm{T}}(k)\boldsymbol{D}\boldsymbol{x}(k) \tag{4.26}$$

即

$$\boldsymbol{x}^{\mathrm{T}}(k)(\boldsymbol{H} - \boldsymbol{D})\boldsymbol{x}(k) = -\sum_{i<j} H_{ij}\ (x_i(k) - x_j(k))^2 \tag{4.27}$$

再结合式(4.20)，可得到

$$V(\boldsymbol{x}(k+1)) = -\sum_{i<j} H_{ij}\ (x_i(k) - x_j(k))^2 + V(\boldsymbol{x}(k)) \tag{4.28}$$

因为有向图 G 是强连通的，所以其对应的邻接矩阵 $\boldsymbol{P}$ 是不可约的。由第 2 章不可约矩阵的定义 2.2 可知，不存在一个置换矩阵 $\boldsymbol{M}$ 将邻接矩阵 $\boldsymbol{P}$ 变换为下三角形式[121]

$$\boldsymbol{P} = \boldsymbol{M}\begin{bmatrix} * & 0 \\ * & * \end{bmatrix}\boldsymbol{M}^{\mathrm{T}}$$

这意味着必然存在一条边 $e_{ji} \in E$，使得 $p_{ij} > 0(j > i)$。因为对称置换的本质是对有向图 G 中的节点进行重新标号，且当假设 4.1 成立时有 $p_{ii} > 0(i = 1, \cdots, N)$，所以当 $j > i$ 时，利用关系式

$$H_{ij}=\sum_{l=1}^{N}\pi_l p_{li}p_{lj}\geqslant \pi_{\min}(p_{ii}p_{ij}+p_{jj}p_{ji})\geqslant \pi_{\min}p_{ii}p_{ij}\geqslant \pi_{\min}\alpha^2\rho^2>0 \quad (4.29)$$

即 $H_{ij}>0$。另外,当 $j<i$ 时,如果 $e_{ij}\in E$,即 $p_{ji}>0$,则类似可得

$$H_{ij}=\sum_{l=1}^{N}\pi_l p_{li}p_{lj}\geqslant \pi_{\min}(p_{ii}p_{ij}+p_{jj}p_{ji})\geqslant \pi_{\min}p_{jj}p_{ji}\geqslant \pi_{\min}\alpha^2\rho^2>0 \quad (4.30)$$

因此,对任意的边 $e_{ji}\in E$ 或 $e_{ij}\in E$,由上面两式可知,总有 $H_{ij}>0(i\neq j)$成立。

对所有 $d\in F=\{1,2,\cdots,N-1\}$,定义集合 $C_d=\{(i,j),(j,i)\mid i\leqslant d,d+1\leqslant j\}$,以及 $F_{ij}=\{d\mid (i,j)\in C_d \text{ or} (j,i)\in C_d\}$,这里 F_{ij} 表示由有向边(i,j)或有向边(j,i)穿越过的所有割点 d 组成的割点集合。因为有向图 G 是强连通的,所以对任意$d\in F$,$x_d(k)=x_{d+1}(k)$成立,或者存在 $i\leqslant d$ 和 $d+1\leqslant j$,使得 $e_{ji}\in E$ 或 $e_{ij}\in E$。除此以外,节点集合$\{1,2,\cdots,d\}$和$\{d+1,\cdots,N\}$必不连通(此时称 d 为割点)。同时注意到当 $i\neq j$ 时,不论 $e_{ji}\in E$ 或 $e_{ij}\in E$,$H_{ij}\geqslant\pi_{\min}\alpha^2\rho^2>0$ 都始终成立,这意味着文献[102]引理 5 的所有条件均满足(文献[102]考虑的仅是有向平衡图情形),因此对任意 $d\in F$,若$(i,j)\in C_d$,则有

$$\sum_{(i,j)\in C_d}H_{ij}\geqslant\frac{\pi_{\min}\alpha\rho}{2}=\frac{\eta}{2}$$

现在,令 $\boldsymbol{x}(k)\in\mathbf{R}^N$ 中的各个分量满足 $x_1(k)\leqslant x_2(k)\leqslant\cdots\leqslant x_N(k)$(可以通过置换 $\boldsymbol{x}(k)$的各个分量来实现,同时也可对邻接矩阵 $\boldsymbol{P}$ 的行和列进行相同的置换变换),进而通过类似文献[102]中引理 8 的证明,可得关系式

$$(x_i(k)-x_j(k))^2\geqslant\sum_{d\in F_{ij}}(x_{d+1}(k)-x_d(k))^2 \quad (4.31)$$

因而

$$\sum_{i<j}H_{ij}\,(x_i(k)-x_j(k))^2\geqslant\sum_{i<j}H_{ij}\sum_{d\in F_{ij}}(x_{d+1}(k)-x_d(k))^2 \quad (4.32)$$

成立,利用 $\sum_{(i,j)\in C_d}H_{ij}\geqslant\frac{\pi_{\min}\alpha\rho}{2}=\frac{\eta}{2}$,式(4.32)可进一步写为

$$\begin{aligned}\sum_{i<j}H_{ij}\,(x_i(k)-x_j(k))^2&\geqslant\sum_{i<j}H_{ij}\sum_{d\in F_{ij}}(x_{d+1}(k)-x_d(k))^2\\&=\sum_{d\in F}\sum_{(i,j)\in C_d}H_{ij}\,(x_{d+1}(k)-x_d(k))^2\\&\geqslant\frac{\eta}{2}\sum_{d\in F}(x_{d+1}(k)-x_d(k))^2\\&=\frac{\eta}{2}\sum_{d=1}^{N-1}(x_{d+1}(k)-x_d(k))^2\end{aligned} \quad (4.33)$$

再由式(4.28)可得

$$V(\boldsymbol{x}(k+1)) \leqslant -\frac{\eta}{2}\sum_{d=1}^{N-1}(x_{d+1}(k)-x_d(k))^2+V(\boldsymbol{x}(k)) \tag{4.34}$$

注意到向量 $\boldsymbol{\pi}$ 满足 $\sum_{i=1}^{N}\pi_i=1$ 和 $\pi_i>0(i=1,\cdots,N)$，因此 $x_N(k)\geqslant\boldsymbol{\pi}^{\mathrm{T}}\boldsymbol{x}(k)\geqslant x_1(k)$。故

$$V(\boldsymbol{x}(k))=\sum_{i=1}^{N}\pi_i(x_i(k)-\boldsymbol{\pi}^{\mathrm{T}}\boldsymbol{x}(k))^2\leqslant(x_N(k)-x_1(k))^2 \tag{4.35}$$

成立，很显然 $x_N(k)-x_1(k)=\sum_{d=1}^{N-1}(x_{d+1}(k)-x_d(k))$，利用二范数的凸性可得

$$\begin{aligned}(x_N(k)-x_1(k))^2&=(N-1)^2\left(\frac{1}{N-1}\sum_{d=1}^{N-1}(x_{d+1}(k)-x_d(k))\right)^2\\&\leqslant(N-1)\sum_{d=1}^{N-1}(x_{d+1}(k)-x_d(k))^2\end{aligned} \tag{4.36}$$

将上式与式(4.34)、式(4.35)结合，可得到式(4.19)。证毕。

注解 4.6　引理 4.1 实际上描述了个体状态 $x(k)$ 到加权平均一致性空间 $l=\{(\boldsymbol{\pi}^{\mathrm{T}}\boldsymbol{x}(k))\mathbf{1}\mid\boldsymbol{x}(k)\in\mathbf{R}^N\}$ 的收敛性与收敛的快慢程度。由式(4.19)可知，$\boldsymbol{x}(k)$ 依照 $\left(1-\frac{\eta}{2(N-1)}\right)$ 的速度趋向加权平均一致性空间 $l=\{(\boldsymbol{\pi}^{\mathrm{T}}\boldsymbol{x}(k))\mathbf{1}\mid\boldsymbol{x}(k)\in\mathbf{R}^N\}$。须要明确指出的是，不同于无向网络情况下收敛速度依赖于无向图对应的拉普拉斯矩阵或随机邻接矩阵的特征值 λ_2，引理 4.1 中的收敛速度完全由有向图的随机邻接矩阵 $\boldsymbol{W}$ 的最大特征值 1 对应的左特征向量 $\boldsymbol{\pi}$，以及有向网络的各个有向边的权重(参见 η 的定义)来描述。因此，引理 4.1 对文献[102]的引理 5 和引理 8 进行了推广。此外，引理 4.1 得到的确定性网络的一致性收敛速度，也完全不同于[178]基于无限流特性所得到的关于随机网络的一致性收敛速度。但是在引理 4.1 的推导过程中，因为使用了不等式放大技术，所以得到的一致性收敛速度具有一定的保守性，实际应用中的收敛速度更快。

4.4　一致性收敛分析

以下将针对在量化一致性算法式(4.6)作用下得到的闭环系统式(4.10)、

系统式(4.12)和系统式(4.13)的稳定性进行分析,得到的主要结论由定理4.1给出。并且定理4.1系统地回答了三个问题:① 如何设计一致量化器动态比例函数 $g(k)=g_0\gamma^k>0$ 中的常数 g_0 和 γ,以及量化水平参数 K,使得提出的量化一致性算法式(4.6)能确保网络达到加权平均一致性? ② 网络中的每个个体沿着每一条连通的有向通道要传输多少比特的量化信息给其邻居个体及其自身,才能确保网络实现加权平均一致性? ③ 网络达到加权平均一致性的收敛速度与量化比特数目(即数据率)之间是什么关系? 在给出定理4.1之前,需要下面的假设条件。

假设 4.2 个体的初始状态值 $\boldsymbol{x}(0)$满足 $\|\boldsymbol{x}(0)\|_\infty=\max\limits_{1\leqslant i\leqslant N}|x_i(0)|\leqslant C_x$,一致性误差初始值 $\boldsymbol{\delta}(0)$满足 $\|\boldsymbol{\delta}(0)\|_\infty=\max\limits_{1\leqslant i\leqslant N}|\delta_i(0)|\leqslant C_\delta$,其中 C_x 和 C_δ 是已知的非负常数。

定理 4.1 假定假设4.1、假设4.2成立。对左特征向量 $\boldsymbol{\pi}=(\pi_1,\cdots,\pi_N)^{\mathrm{T}}$,设 $\pi_{\max}=\max\limits_{1\leqslant i\leqslant N}\pi_i$。对任意 $\gamma\in(\rho_\eta,1)$,其中 $\rho_\eta=\left(1-\dfrac{\eta}{2(N-1)}\right)^{\frac{1}{2}}$,令

$$M_1(\alpha,\gamma)=\frac{2\sqrt{2N}\alpha^2\pi_{\max}}{\pi_{\min}\gamma(\gamma-\rho_\eta)}+\frac{1+2\alpha}{2\gamma} \tag{4.37}$$

$$K_1(\alpha,\gamma)=\left\lfloor M_1(\alpha,\gamma)-\frac{1}{2}\right\rfloor+1 \tag{4.38}$$

同时,对任意给定的 $K\geqslant K_1(\alpha,\gamma)$,令

$$g_0\geqslant\max\left\{\frac{C_x}{K+\dfrac{1}{2}},\frac{(2\alpha C_x+\gamma C_\delta)(\gamma-\rho_\eta)}{\alpha}\right\} \tag{4.39}$$

那么,对于提出的量化一致性算法式(4.6),其伴随的一致对称量化器定义见式(4.5),且量化器的比例系数函数为 $g(k)=g_0\gamma^k$,当量化比特数目为 $2K+1$ 时,对于闭环系统式(4.10)、系统式(4.12)和系统式(4.13)成立,

$$\lim_{k\to\infty}x_i(k)=\sum_{j=1}^{N}\pi_j x_j(0),\quad i=1,2\cdots,N \tag{4.40}$$

即网络达到加权平均一致性。此外,

$$\lim_{\alpha\to0,\gamma\to1}M_1(\alpha,\gamma)=\frac{1}{2} \tag{4.41}$$

也就是说,网络中每条有向通道最少需要传输1比特量化信息。如果进一步定义一致性收敛速度为

$$r_{\text{asym}} = \sup_{\boldsymbol{x}(0)\neq \mathbf{1}\boldsymbol{\pi}^{\mathrm{T}}\boldsymbol{x}(0)} \lim_{k\to\infty} \left(\frac{\| \boldsymbol{x}(k) - \mathbf{1}\boldsymbol{\pi}^{\mathrm{T}}\boldsymbol{x}(k) \|_{\boldsymbol{D}}}{\| \boldsymbol{x}(0) - \mathbf{1}\boldsymbol{\pi}^{\mathrm{T}}\boldsymbol{x}(0) \|_{\boldsymbol{D}}} \right)^{k} \tag{4.42}$$

那么

$$r_{\text{asym}} \leqslant \gamma \tag{4.43}$$

证明　令 $\boldsymbol{y}(k)=\dfrac{\boldsymbol{\delta}(k)}{g(k)}$，$\boldsymbol{z}(k)=\dfrac{\boldsymbol{e}(k)}{g(k)}$，并注意到 $g(k)=g_0\gamma^k$，其中 g_0 按式(4.39)选取，则由式(4.12)可得

$$\begin{aligned}\boldsymbol{y}(k+1) &= \gamma^{-1}\{[(1-\alpha)\boldsymbol{I}+\alpha\boldsymbol{W}]\boldsymbol{y}(k)+\alpha(\boldsymbol{I}-\boldsymbol{W})\boldsymbol{z}(k)\} \\ &= \gamma^{-1}[\boldsymbol{P}\boldsymbol{y}(k)+\alpha(\boldsymbol{I}-\boldsymbol{W})\boldsymbol{z}(k)]\end{aligned} \tag{4.44}$$

此外，由式(4.15)可得

$$\boldsymbol{z}(k+1) = \gamma^{-1}\boldsymbol{\beta}(k) \tag{4.45}$$

式中，$\boldsymbol{\beta}(k)$定义见式(4.14)，此时 $\tilde{\boldsymbol{e}}(k)=\alpha(\boldsymbol{W}-\boldsymbol{I})\boldsymbol{y}(k)+[(1+\alpha)\boldsymbol{I}-\alpha\boldsymbol{W}]\boldsymbol{z}(k)$。

由上一节分析可知，现在只需证明：如果网络中每个连通的有向通道采用如式(4.5)定义的、量化水平参数为 $2K+1$ 的一致对称量化器，其中 $K>K_1(\alpha,\gamma)$（$K_1(\alpha,\gamma)$满足式(4.38)），g_0 满足式(4.39)，$\gamma\in(\rho_\eta,1)$，则一致对称量化器式(4.34)始终不饱和，即对所有 $k=0,1,\cdots$，$\|\boldsymbol{\beta}(k)\|_\infty\leqslant\dfrac{1}{2}$ 或者 $\|\tilde{\boldsymbol{e}}(k)\|_\infty\leqslant K+\dfrac{1}{2}$。以下我们利用数学归纳法来证明这一事实。

当 $k=0$ 时，$\hat{\boldsymbol{x}}(0)=\boldsymbol{0}$，$\boldsymbol{e}(0)=\boldsymbol{x}(0)-\hat{\boldsymbol{x}}(0)=\boldsymbol{x}(0)$，从而 $\boldsymbol{z}(0)=\dfrac{\boldsymbol{e}(0)}{g_0}=\dfrac{\boldsymbol{x}(0)}{g_0}$成立，这意味着 $\tilde{\boldsymbol{e}}(0)=\alpha(\boldsymbol{W}-\boldsymbol{I})\boldsymbol{y}(0)+[(1+\alpha)\boldsymbol{I}-\alpha\boldsymbol{W}]\boldsymbol{z}(0)=-\dfrac{\boldsymbol{x}(0)}{g_0}$。因此，由假设 4.2 和式(4.39)可得

$$\begin{aligned}&\|\alpha(\boldsymbol{W}-\boldsymbol{I})\boldsymbol{y}(0)+[(1+\alpha)\boldsymbol{I}-\alpha\boldsymbol{W}]\boldsymbol{z}(0)\|_\infty \\ &= \left\|\frac{\boldsymbol{x}(0)}{g_0}\right\|_\infty \leqslant \frac{C_x}{g_0} < K+\frac{1}{2}\end{aligned} \tag{4.46}$$

也就是说，当 $k=0$ 时一致量化器没有饱和。

现假设对任意给定非负整数 n，当 $k=0,1,\cdots,n$ 时一致量化器没有饱和，即

$$\|\boldsymbol{\beta}(k)\|_\infty \leqslant \frac{1}{2}, \quad k=0,1,\cdots,n \tag{4.47}$$

或者由式(4.45)可得

$$\| \boldsymbol{z}(k) \|_\infty \leqslant \frac{1}{2\gamma}, \quad k=1,2,\cdots,n+1 \tag{4.48}$$

成立。下面证明 $\| \tilde{e}(k+1) \|_\infty \leqslant K+\frac{1}{2}$。注意到矩阵 $\boldsymbol{P}$ 是一个主对角元素均为正的随机矩阵，则当 $k=n+1$ 时，由式(4.19)可得

$$\begin{aligned}
&\boldsymbol{y}(n+1)^{\mathrm{T}}\boldsymbol{D}\boldsymbol{y}(n+1)\\
&= \| \boldsymbol{y}(n+1) \|_{\boldsymbol{D}}^2\\
&= \gamma^{-2}(\boldsymbol{P}\boldsymbol{y}(n)+\alpha(\boldsymbol{I}-\boldsymbol{W})\boldsymbol{z}(n))^{\mathrm{T}}\boldsymbol{D}(\boldsymbol{P}\boldsymbol{y}(n)+\alpha(\boldsymbol{I}-\boldsymbol{W})\boldsymbol{z}(n))\\
&= \gamma^{-2}\boldsymbol{y}(n)^{\mathrm{T}}\boldsymbol{P}^{\mathrm{T}}\boldsymbol{D}\boldsymbol{P}\boldsymbol{y}(n)+\gamma^{-2}\boldsymbol{z}(n)^{\mathrm{T}}(\alpha(\boldsymbol{I}-\boldsymbol{W}))^{\mathrm{T}}\boldsymbol{D}(\alpha(\boldsymbol{I}-\boldsymbol{W}))\boldsymbol{z}(n)\\
&\quad +2\gamma^{-2}\boldsymbol{y}(n)^{\mathrm{T}}\boldsymbol{P}^{\mathrm{T}}\boldsymbol{D}(\alpha(\boldsymbol{I}-\boldsymbol{W}))\boldsymbol{z}(n) &(4.49)\\
&\leqslant 2\gamma^{-2}\boldsymbol{y}(n)^{\mathrm{T}}\boldsymbol{P}^{\mathrm{T}}\boldsymbol{D}\boldsymbol{P}\boldsymbol{y}(n)\\
&\quad +2\gamma^{-2}\boldsymbol{z}(n)^{\mathrm{T}}(\alpha(\boldsymbol{I}-\boldsymbol{W}))^{\mathrm{T}}\boldsymbol{D}(\alpha(\boldsymbol{I}-\boldsymbol{W}))\boldsymbol{z}(n) &(4.49\text{a})\\
&\leqslant 2\gamma^{-2}\left(1-\frac{\eta}{2(N-1)}\right)\boldsymbol{y}(n)^{\mathrm{T}}\boldsymbol{D}\boldsymbol{y}(n)\\
&\quad +2\gamma^{-2}\boldsymbol{z}(n)^{\mathrm{T}}(\alpha(\boldsymbol{I}-\boldsymbol{W}))^{\mathrm{T}}\boldsymbol{D}(\alpha(\boldsymbol{I}-\boldsymbol{W}))\boldsymbol{z}(n) &(4.49\text{b})
\end{aligned}$$

式(4.49a)利用了著名的三角不等式：对任意同维的向量 $\boldsymbol{a}$、$\boldsymbol{b}$，$2\boldsymbol{a}^{\mathrm{T}}\boldsymbol{b}\leqslant\boldsymbol{a}^{\mathrm{T}}\boldsymbol{a}+\boldsymbol{b}^{\mathrm{T}}\boldsymbol{b}$ 成立。式(4.49b)利用了式(4.19)。

令 $\rho_\eta=\left(1-\frac{\eta}{2(N-1)}\right)^{\frac{1}{2}}$，由式(4.49)可得

$$\begin{aligned}
&\| \boldsymbol{y}(n+1) \|_{\boldsymbol{D}}^2\\
&\leqslant 2\Big[\left(\frac{\rho_\eta^2}{\gamma^2}\right)^{n+1}\boldsymbol{y}(0)^{\mathrm{T}}\boldsymbol{D}\boldsymbol{y}(0)+\left(\frac{\rho_\eta^2}{\gamma^2}\right)^{n}\gamma^{-2}\boldsymbol{z}(0)^{\mathrm{T}}(\alpha(\boldsymbol{I}-\boldsymbol{W}))^{\mathrm{T}}\boldsymbol{D}(\alpha(\boldsymbol{I}-\boldsymbol{W}))\boldsymbol{z}(0)\\
&\quad +\sum_{s=0}^{n-1}\left(\frac{\rho_\eta^2}{\gamma^2}\right)^{s}\gamma^{-2}\boldsymbol{z}(n-s)^{\mathrm{T}}(\alpha(\boldsymbol{I}-\boldsymbol{W}))^{\mathrm{T}}\boldsymbol{D}(\alpha(\boldsymbol{I}-\boldsymbol{W}))\boldsymbol{z}(n-s)\Big] &(4.50)
\end{aligned}$$

利用重要不等式 $\sqrt{\sum_{l=0}^{L}\| \boldsymbol{a}_l \|_{\boldsymbol{D}}^2}\leqslant\sum_{l=0}^{L}\| \boldsymbol{a}_l \|_{\boldsymbol{D}}$ 对任意同维向量 $\boldsymbol{a}_l(l=1,\cdots,L)$ 成立，因而上式右端可进一步放大为

$$\begin{aligned}
\| \boldsymbol{y}(n+1) \|_{\boldsymbol{D}}\leqslant\sqrt{2}\Big[&\left(\frac{\rho_\eta}{\gamma}\right)^{n+1}\| \boldsymbol{y}(0) \|_{\boldsymbol{D}}+\left(\frac{\rho_\eta}{\gamma}\right)^{n}\gamma^{-1}\| \alpha(\boldsymbol{I}-\boldsymbol{W})\boldsymbol{z}(0) \|_{\boldsymbol{D}}\\
&+\sum_{s=0}^{n-1}\left(\frac{\rho_\eta}{\gamma}\right)^{s}\gamma^{-1}\| \alpha(\boldsymbol{I}-\boldsymbol{W})\boldsymbol{z}(n-s) \|_{\boldsymbol{D}}\Big] \qquad (4.51)
\end{aligned}$$

接下来，我们对不等式(4.51)右端的三项分别进行估计。注意到第一项对任意 N 维向量 $\boldsymbol{y}$，$\pi_{\min}\| \boldsymbol{y} \|_2\leqslant\| \boldsymbol{y} \|_{\boldsymbol{D}}\leqslant\pi_{\max}\| \boldsymbol{y} \|_2$ 和 $\| \boldsymbol{y} \|_2\leqslant\sqrt{N}\| \boldsymbol{y} \|_\infty$ 成立，因

而有

$$\left(\frac{\rho_\eta}{\gamma}\right)^{n+1}\|\boldsymbol{y}(0)\|_{\boldsymbol{D}} \leqslant \pi_{\max}\left(\frac{\rho_\eta}{\gamma}\right)^{n+1}\|\boldsymbol{y}(0)\|_2$$
$$\leqslant \pi_{\max}\sqrt{N}\left(\frac{\rho_\eta}{\gamma}\right)^{n+1}\|\boldsymbol{y}(0)\|_\infty$$
$$\leqslant \pi_{\max}\sqrt{N}\left(\frac{\rho_\eta}{\gamma}\right)^{n}\frac{\|\boldsymbol{\delta}(0)\|_\infty}{g_0}$$
$$\leqslant \frac{\sqrt{N}\pi_{\max}C_\delta}{g_0}\left(\frac{\rho_\eta}{\gamma}\right)^{n} \tag{4.52}$$

因为邻接矩阵$\boldsymbol{W}$是一个随机矩阵，所以$\|\alpha(\boldsymbol{W}-\boldsymbol{I})\|_2\leqslant\alpha(\|\boldsymbol{W}\|_2+\|\boldsymbol{I}\|_2)\leqslant 2\alpha$，从而不等式(4.51)右端的第二项

$$\gamma^{-1}\left(\frac{\rho_\eta}{\gamma}\right)^{n}\|(\alpha(\boldsymbol{I}-\boldsymbol{W}))\boldsymbol{z}(0)\|_{\boldsymbol{D}}$$
$$\leqslant \pi_{\max}\gamma^{-1}\|\alpha(\boldsymbol{W}-\boldsymbol{I})\|_2\|\boldsymbol{z}(0)\|_2\left(\frac{\rho_\eta}{\gamma}\right)^{n}$$
$$\leqslant \pi_{\max}\sqrt{N}\frac{\|\boldsymbol{e}(0)\|_\infty}{g_0\gamma}\|(\boldsymbol{W}-\boldsymbol{I})\|_2\left(\frac{\rho_\eta}{\gamma}\right)^{n}$$
$$\leqslant \frac{2\alpha C_x\sqrt{N}\pi_{\max}}{g_0\gamma}\left(\frac{\rho_\eta}{\gamma}\right)^{n} \tag{4.53}$$

成立。利用$\sum_{s=0}^{n-1}\left(\frac{\rho_\eta}{\gamma}\right)^s=\frac{1-\left(\frac{\rho_\eta}{\gamma}\right)^n}{1-\frac{\rho_\eta}{\gamma}}$以及式(4.48)，不等式(4.51)右端的第三项

$$\gamma^{-1}\sum_{s=0}^{n-1}\left(\frac{\rho_\eta}{\gamma}\right)^{s}\|(\alpha(\boldsymbol{I}-\boldsymbol{W}))\boldsymbol{z}(n-s)\|_{\boldsymbol{D}}$$
$$\leqslant \pi_{\max}\gamma^{-1}\sum_{s=0}^{n-1}\left(\frac{\rho_\eta}{\gamma}\right)^{s}\|\alpha(\boldsymbol{W}-\boldsymbol{I})\|_2\|\boldsymbol{z}(n-s)\|_2$$
$$\leqslant \sqrt{N}\pi_{\max}\gamma^{-1}\sum_{s=0}^{n-1}\left(\frac{\rho_\eta}{\gamma}\right)^{s}\|\alpha(\boldsymbol{W}-\boldsymbol{I})\|_2\|\boldsymbol{z}(n-s)\|_\infty$$
$$\leqslant \sqrt{N}\pi_{\max}\gamma^{-1}\sum_{s=0}^{n-1}\left(\frac{\rho_\eta}{\gamma}\right)^{s}\frac{2\alpha}{2\gamma}$$
$$\leqslant \frac{\sqrt{N}\alpha\pi_{\max}}{\gamma(\gamma-\rho_\eta)}\left[1-\left(\frac{\rho_\eta}{\gamma}\right)^{n}\right] \tag{4.54}$$

利用式(4.52)～式(4.54)，则式(4.51)成立

$$\| \boldsymbol{y}(n+1) \|_{\boldsymbol{D}} \leqslant \max\left\{\frac{\alpha\sqrt{2N}\pi_{\max}}{\gamma(\gamma-\rho_\eta)},\frac{\sqrt{2N}\pi_{\max}(2\alpha C_x+\gamma C_\delta)}{g_0\gamma}\right\} \tag{4.55}$$

再结合式(4.48)和式(4.39)可得

$$\begin{aligned}
\| \tilde{\boldsymbol{e}}(k) \|_\infty &= \| \alpha(\boldsymbol{W}-\boldsymbol{I})\boldsymbol{y}(k+1)+[(1+\alpha)\boldsymbol{I}-\alpha\boldsymbol{W}]\boldsymbol{z}(k+1) \|_\infty \\
&\leqslant \| \alpha(\boldsymbol{W}-\boldsymbol{I})\boldsymbol{y}(k+1) \|_2+\| [(1+\alpha)\boldsymbol{I}-\alpha\boldsymbol{W}]\boldsymbol{z}(k+1) \|_\infty \\
&\leqslant \| \alpha(\boldsymbol{W}-\boldsymbol{I}) \|_2 \ \| \boldsymbol{y}(k+1) \|_2+\| [(1+\alpha)\boldsymbol{I}-\alpha\boldsymbol{W}] \|_\infty \ \| \boldsymbol{z}(k+1) \|_\infty \\
&\leqslant 2\alpha \ \| \boldsymbol{y}(k+1) \|_2+(1+2\alpha) \ \| \boldsymbol{z}(k+1) \|_\infty \\
&\leqslant \frac{2\alpha}{\pi_{\min}} \ \| \boldsymbol{y}(k+1) \|_{\boldsymbol{D}}+(1+2\alpha) \ \| \boldsymbol{z}(k+1) \|_\infty \\
&\leqslant \frac{2\alpha}{\pi_{\min}}\times\max\left\{\frac{\alpha\sqrt{2N}\pi_{\max}}{\gamma(\gamma-\rho_\eta)},\frac{\sqrt{2N}\pi_{\max}(2\alpha C_x+\gamma C_\delta)}{g_0\gamma}\right\}+\frac{1+2\alpha}{2\gamma} \\
&= M_1(\alpha,\gamma) \\
&< \left\lfloor M_1(\alpha,\gamma)-\frac{1}{2}\right\rfloor+\frac{3}{2} \\
&= K_1(\alpha,\gamma)+\frac{1}{2} \\
&\leqslant K+\frac{1}{2}
\end{aligned} \tag{4.56}$$

即当 $k=n+1$ 时一致量化器也未饱和。因此,基于数学归纳法我们证明了:当量化水平为 $2K+1$(其中 $K>K_1(\alpha,\gamma)$,$K_1(\alpha,\gamma)$满足式(4.38)),并且 g_0 满足式(4.39),$\gamma\in(\rho_\eta,1)$时,所采用的一致对称量化器式(4.5)从不发生饱和现象。

同时,注意到 $\| \boldsymbol{y}(0) \|_\infty\leqslant\frac{C_\delta}{g_0}$,结合式(4.39)和式(4.55)可得

$$\sup_{k\geqslant 0} \| \boldsymbol{y}(k) \|_\infty \leqslant \max\left\{\frac{C_\delta}{g_0},\frac{\alpha\sqrt{2N}\pi_{\max}}{\gamma(\gamma-\rho_\eta)}\right\}<\infty \tag{4.57}$$

因此,由 $y(k)$的定义及 $0<\gamma<1$ 可得

$$\lim_{k\to\infty} \| \boldsymbol{\delta}(k) \|_\infty = \lim_{k\to\infty} g_0\gamma^k \| \boldsymbol{y}(k) \|_\infty = 0 \tag{4.58}$$

再结合式(4.11)即得式(4.2)或式(4.40)成立。也就是说,网络中的所有个体状态收敛到加权平均一致性。

此外,注意到

$$\lim_{\alpha\to 0}\left(\frac{2\sqrt{2N}\alpha^2\pi_{\max}}{\pi_{\min}(1-\rho_\eta)}+\frac{1+2\alpha}{2}\right)=\frac{1}{2} \tag{4.59}$$

即减小控制增益 α 将降低每条连通的有向边所需的量化比特数目。同时上式

也意味着对任意正整数 $K\geqslant1$，存在 $\alpha^*\in(0,1]$ 使得

$$\frac{1}{2}\leqslant\frac{2\sqrt{2N}\,(\alpha^*)^2\pi_{\max}}{\pi_{\min}(1-\rho_\eta)}+\frac{1+2\alpha^*}{2}\leqslant K+\frac{1}{2}\tag{4.60}$$

此外，由 γ 的定义可得

$$\lim_{\gamma\to1}M_1(\alpha^*,\gamma)=\frac{2\sqrt{2N}\,(\alpha^*)^2\pi_{\max}}{\pi_{\min}(1-\rho_\eta)}+\frac{1+2\alpha^*}{2}\tag{4.61}$$

因此，结合式(4.60)可知：存在 $\alpha^*\in(0,1]$ 和 $\gamma^*\in(\rho_\eta,1]$ 使得

$$\frac{1}{2}\leqslant\frac{2\sqrt{2N}\,(\alpha^*)^2\pi_{\max}}{\pi_{\min}\gamma^*(\gamma-\rho_\eta)}+\frac{1+2\alpha^*}{2\gamma^*}\leqslant K+\frac{1}{2}\tag{4.62}$$

这样由式(4.59)和式(4.61)可得式(4.41)成立。也就是说，网络中每条连通的有向通道最少只要传输1比特量化信息，就可以使所有网络实现加权平均一致性。

最后，由 $\boldsymbol{\delta}(k)=g_0\gamma^k\boldsymbol{y}(k)$，并利用式(4.52)～式(4.54)可得

$$\|\boldsymbol{\delta}(k+1)\|_{\boldsymbol{D}}\leqslant\pi_{\max}\gamma\sqrt{N}\rho_\eta^k\|\boldsymbol{\delta}(0)\|_\infty+2\sqrt{2N}\,aC_x\pi_{\max}\rho_\eta^k+\frac{\sqrt{2N}\,\alpha\pi_{\max}g_0}{\gamma-\rho_\eta}\gamma^k\tag{4.63}$$

又因为 $1>\gamma>\rho_\eta>0$，所以对一致性误差变量 $\boldsymbol{\delta}(k)$ 有

$$\lim_{k\to\infty}\frac{\|\boldsymbol{\delta}(k)\|_{\boldsymbol{D}}}{\gamma^k}\leqslant\frac{\sqrt{2N}\,\alpha\pi_{\max}g_0}{\gamma-\rho_\eta}\tag{4.64}$$

同时，类似地由式(4.52)～式(4.54)，并利用 $\pi_{\min}\|\boldsymbol{y}\|_2\leqslant\|\boldsymbol{y}\|_{\boldsymbol{D}}\leqslant\pi_{\max}\|\boldsymbol{y}\|_2$，我们可以得到

$$\frac{\|\boldsymbol{\delta}(k+1)\|_{\boldsymbol{D}}}{\|\boldsymbol{\delta}(0)\|_{\boldsymbol{D}}}\leqslant\frac{\pi_{\max}}{\pi_{\min}}\left\{\gamma\rho_\eta^k+\frac{2\sqrt{2N}\,aC_x}{\|\boldsymbol{\delta}(0)\|_\infty}\rho_\eta^k+\frac{\sqrt{2N}\,\alpha g_0}{\|\boldsymbol{\delta}(0)\|_\infty(\gamma-\rho_\eta)}\gamma^k\right\},\quad\forall\ \|\boldsymbol{\delta}(0)\|_{\boldsymbol{D}}\neq0\tag{4.65}$$

对上面不等式两边取自然对数

$$\begin{aligned}\ln\left(\frac{\|\boldsymbol{\delta}(k+1)\|_{\boldsymbol{D}}}{\|\boldsymbol{\delta}(0)\|_{\boldsymbol{D}}}\right)&\leqslant\ln\left(\frac{\sqrt{2N}\,\pi_{\max}g_0\alpha}{\pi_{\min}\|\boldsymbol{\delta}(0)\|_\infty(\gamma-\rho_\eta)}\gamma^k\right)+\ln(1+O(1))\\&=k\ln(\gamma)+O(1),\quad k\to\infty\end{aligned}\tag{4.66}$$

因此，最终我们得到

$$\begin{aligned}&\lim_{k\to\infty}\left(\frac{\|\boldsymbol{x}(k+1)-\boldsymbol{1}\boldsymbol{\pi}^{\mathrm{T}}\boldsymbol{x}(k+1)\|_{\boldsymbol{D}}}{\|\boldsymbol{x}(0)-\boldsymbol{1}\boldsymbol{\pi}^{\mathrm{T}}\boldsymbol{x}(0)\|_{\boldsymbol{D}}}\right)^{k+1}\\&=\lim_{k\to\infty}\left(\frac{\|\boldsymbol{\delta}(k+1)\|_{\boldsymbol{D}}}{\|\boldsymbol{\delta}(0)\|_{\boldsymbol{D}}}\right)^{k+1}\end{aligned}$$

$$
\begin{aligned}
&= \lim_{k\to\infty} \exp\left\{\frac{1}{k+1}\ln\left(\frac{\sqrt{2N}\pi_{\max}g_0\alpha}{\pi_{\min}\|\boldsymbol{\delta}(0)\|_\infty(\gamma-\rho_\eta)}\gamma^k\right)\right\}, \quad k\to\infty \\
&\leqslant \exp\left\{\lim_{k\to\infty}\frac{1}{k+1}(k\ln(\gamma)+O(1))\right\} \\
&= \gamma, \quad \forall \|\boldsymbol{\delta}(0)\|_{\boldsymbol{D}} \neq 0
\end{aligned} \tag{4.67}
$$

再由一致性收敛速度 r_{asym} 的定义式(4.41),则式(4.42)成立。证毕。

注解 4.7 当网络为无向图时,利用拉普拉斯矩阵 $\boldsymbol{L}$ 的特征值,文献[91]给出了网络得到平均一致性的条件:$h\in\left(0,\frac{2}{\lambda_N(\boldsymbol{L})}\right)$,$\gamma\in(\rho_\eta,1)$,$\rho_\eta=\max\limits_{2\leqslant i\leqslant N}|1-h\lambda_i(\boldsymbol{L})|$,其中 $0=\lambda_1(\boldsymbol{L})<\lambda_2(\boldsymbol{L})\leqslant\cdots\leqslant\lambda_N(\boldsymbol{L})$ 为拉普拉斯矩阵 $\boldsymbol{L}$ 的特征值。而当网络为强连通的有向图时,利用邻接矩阵 $\boldsymbol{P}$ 特征值 1 对应的归一化左特征向量 $\boldsymbol{\pi}$,本章得到了网络实现加权平均一致性的条件:$\gamma\in(\rho_\eta,1)$,$\rho_\eta=\left(1-\frac{\eta}{2(N-1)}\right)^{\frac{1}{2}}$,其中 $1>\eta=\pi_{\min}\alpha\rho>0$,$\rho=\min\{\min\limits_{i\in N}w_{ii},\min\limits_{e_{ji}\in E}w_{ij}\}>0$。特别是当有向网络拓扑为平衡图,即 $\boldsymbol{D}=\frac{1}{N}I$ 和 $1>\eta=\frac{\alpha\rho}{N}>0$ 时,则定理 4.1 退化为平均一致性的相关结论,但在这里我们并没有利用到无向图的拉普拉斯矩阵 $\boldsymbol{L}$ 特征谱的任何知识,且本章的一致性收敛分析主要是通过直接构造一个广义李雅普诺夫函数,并没有采用如文献[91]中的矩阵分解方法。因此,结合注解4.5可知,本章结论实际上将文献[91]关于无向网络量化一致性算法及其相关结论,推广到了更一般的有向网络情形。此外,式(4.40)清晰地揭示了加权平均一致性值对有向网络拓扑的高度依赖关系。

注解 4.8 式(4.64)实际上揭示了静态一致性误差与比例函数之间的关系。即 $\lim\limits_{k\to\infty}g(k)=\lim\limits_{k\to\infty}g_0\gamma^k=0$,则由式(4.64)可知,静态一致性误差满足 $\lim\limits_{k\to\infty}\|\boldsymbol{\delta}(k)\|_{\boldsymbol{D}}=0$,同时 $\|\boldsymbol{\delta}(k)\|_{\boldsymbol{D}}=O(g(k))$ 成立。因此,定理 4.1 推广了关于无向网络分别在精确信息[139]和量化信息通信[91]情况下一致性收敛速度 r_{asym} 的相关结论。但文献[91,138]揭示的无向网络一致性收敛速度 r_{asym} 高度依赖于无向网络对应的拉普拉斯矩阵的特征谱。而由式(4.43)和 γ 的定义可知:有向强连通网络在有限量化信息通信情况下的一致性收敛速度 r_{asym} 依赖于网络规模 N、网络边权 p_{ij} 以及左特征向量 $\boldsymbol{\pi}$。此外,式(4.43)表明,γ 越小,一致性收敛速度越快。但式(4.37)和式(4.38)却表明,γ 越小,意味着网络中每条连通边需要更多比特的量化信息,尤其是当 γ 无限趋近 ρ_η 时,每条连通边需要的

量化信息的比特数将趋向无穷大。因此，在实际应用中必须在一致性收敛速度和量化比特数据率之间作出折中。

注解 4.9　定理 4.1 同时表明，只要有向网络是强连通的，无论网络规模 N 多大，我们总可以适当地设计一个依赖有限量化信息数据率的一致性算法，使得网络中的所有个体状态指数地收敛到加权平均一致性值。此时，仅需要在每一时刻，每个个体向其任一邻居个体非互惠地发送 1 比特量化信息，同时通过自环向其自身发送 1 比特量化信息，就足以保证网络指数地收敛到加权平均一致性。而在文献[91]中，只有当无向网络中任意一对邻居个体互惠地发送 1 比特量化信息给对方时，才能确保所有个体状态指数地收敛到平均一致性。

4.5 仿真分析

图 4.4 所示为一个由 4 个个体构成的有向网络。

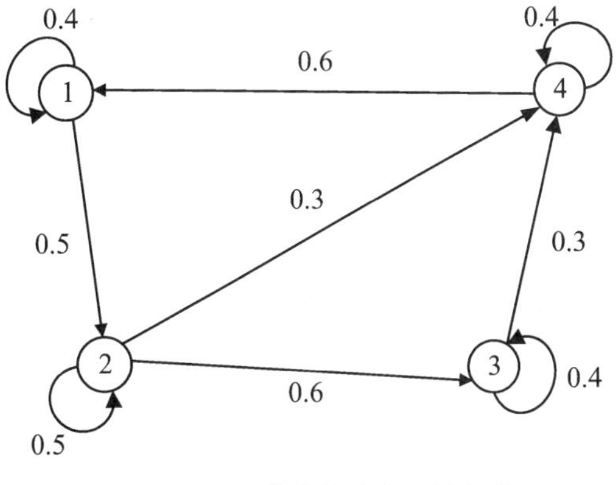

图 4.4　4 个节点的有向网络拓扑

其对应的邻接矩阵为

$$
\boldsymbol{W}=\begin{pmatrix} 0.4 & 0 & 0 & 0.6 \\ 0.5 & 0.5 & 0 & 0 \\ 0 & 0.6 & 0.4 & 0 \\ 0 & 0.3 & 0.3 & 0.4 \end{pmatrix}
$$

显然,W 是一个随机矩阵,但不是双随机的,其最大特征值 1 对应的归一化左特征向量 $\pi=(0.2703\quad 0.3243\quad 0.1351\quad 0.2703)^T$。假定所有个体的初始状态随机生成 $x(0)=(12.6456\quad -5.2166\quad 10.7668\quad 20.1345)^T$,则加权平均一致性值 $\pi^T x(0)=8.6226$。

在式(4.6)中,我们取 $\alpha=1$,即 $P=(1-\alpha)I+\alpha W=W$。由假设 4.1 知 $\rho=0.3>0$。另外,由引理 4.1 可知 $1>\eta=\pi_{\min}\alpha\rho=0.0405>0$,从而由定理 4.1 可得 $\rho_\eta=0.9898$ 和 $\gamma\in(0.9898,1)$。若取 $\gamma=0.998$,则由式(4.38)和式(4.49)可得 $K\geqslant 27214$,$g_0\geqslant 0.5$。因为在引理 4.1 的证明过程中使用了不等式放大技术,所以定理 4.1 的结论过于保守,在实际应用中较少比特的量化信息可以保证系统的一致性。且式(4.41) 意味着在每条有向通道仅仅需要传输 1 比特量化信息时,要求 α 足够小。在下面的仿真中我们选取 $g_0=30$,$K=1$,即每条连边采用 1 比特一致量化器。图 4.5 所示为 $\gamma=0.998$ 时各个个体的状态轨迹,可以看出所有个体状态指数地收敛到加权平均一致性值 $\pi^T x(0)=8.6226$。图 4.6 所示为 $\gamma=0.9974$时各个个体的状态轨迹,两图对比可以看出:γ 越小,网络收敛速度越快。

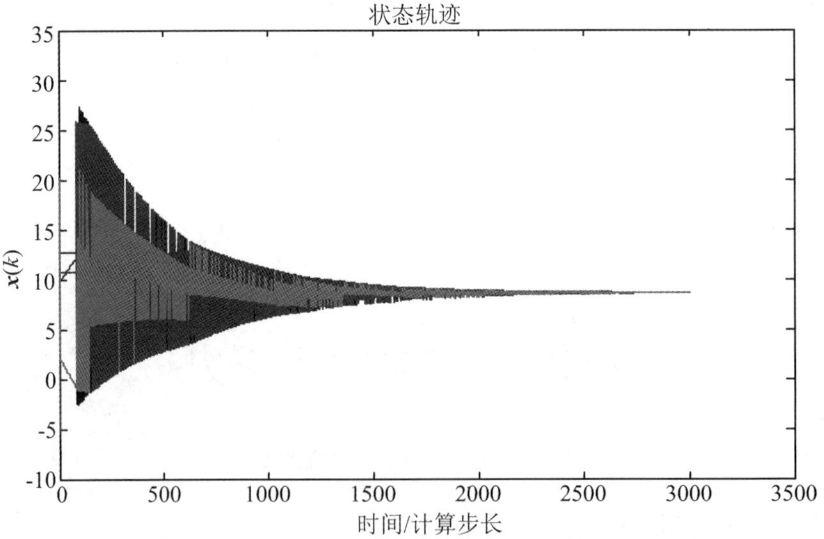

图 4.5　$\alpha=1$、$K=1$ 和 $\gamma=0.998$ 时个体的状态轨迹

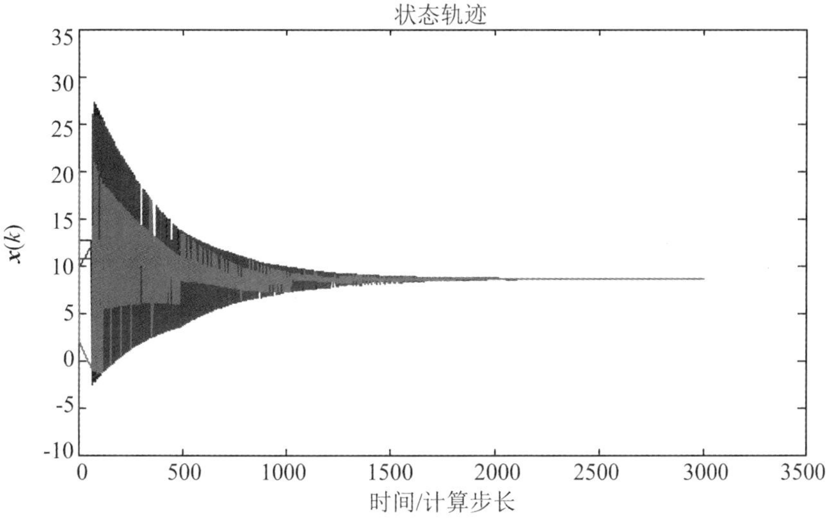

图 4.6　$\alpha=1$、$K=1$ 和 $\gamma=0.9974$ 时个体的状态轨迹

4.6　本 章 小 结

在随机邻接矩阵不再是双随机的和有限量化信息通信情况下，本章研究了固定有向强连通网络的加权平均一致性问题。在假定随机邻接矩阵具有正对角元素的前提下，我们给出动态一致对称量化器参数的设计准则，从而确保在提出的量化一致性算法作用下，每个个体在每一时刻仅需非互惠地向其邻居个体及其自身发送 1 比特量化信息，就足以保证所有个体状态指数地收敛到加权平均一致性。数值例子验证了本章的理论分析。

本章和第 3 章的研究结果表明，虽然引入非线性量化，但只要提出的量化一致性算法仍然满足加权平均一致性，便保留了基于精确信息通信的一致性算法的凸性。因而本章和第 3 章的研究结果突破了已有量化一致性算法高度依赖于传统的平均一致不变性的框架，从而弥补了已有相关结论高度依赖无向图的代数图谱理论和对称矩阵分解的不足。但需要指出的是，本章和第 3 章结论主要是基于随机邻接矩阵最大特征值对应的左特征向量完全已知的情况下得到的。虽然在集总式下,可以很方便地利用图论中的矩阵树定理得到这个左特征向量,但是一旦这个左特征向量事先未知,尤其是对大规模网络来说,如何基于分布式,实时、快速地估计出这个描述有向网络拓扑特性的关键量[37],从而设计出更符合实际情况、更有效的量化一致性算法,将是下一步的重点工作之一。

第5章　基于自适应一致量化策略的有向切换网络多个体系统一致性研究

5.1　引　　言

在前面两章中，针对有向固定网络，我们分别研究了基于无限水平静态对数量化策略和有限水平动态一致量化策略的加权平均一致性问题。因为网络拓扑固定，所以每条连通的有向数字通道设计的量化器相同，且量化水平或量化比特数目也是固定不变的。按照这种方法设计的量化器我们称之为基于节点的量化器，这种通信策略在文献[94]中被称为基于节点的量化通信策略。而在实际应用中，由于网络的不可靠通信，如网络节点间的连边失效或边的重连、通信信息的数据丢包、节点丢失等，都可以造成网络拓扑的动态切换。在切换网络拓扑结构时，因为每条连通的数字通道在任一时刻既可能断开，也可能连通,所以在此种情况下设计的量化器,必须考虑到网络不可靠通信对网络一致性造成的影响。一种很自然的想法是:在上一时刻,如果一条数字通道是连通的,那么下一时刻这条数字通道的量化信息的量化水平应该保持不变;如果在上一时刻这条数字通道是断开的,那么下一时刻就应该增加这条数字通道的量化信息的比特数目,也就是提高这条通道的量化信息精度,以抵消不可靠通信对系统性能造成的影响。基于这种思想,李涛和谢立华在其前期工作[91]的基础上研究了无向切换网络的量化平均一致性问题[92],并提出了基于边的自适应量化器设计方法。这种基于边的自适应量化器设计方法与基于节点的量化器设计方法的根本区别是:要求单独设计切换网络每条数字通道的量化器,并且每条数字通道当前时刻量化器的量化水平或量化比特数目随着这条边在上一时刻是断开还是连通而作出自适应的调整。张强和张继锋针对切换平衡有向网络,基于通信反馈思想[117]设计的量化一致性协议[97],在网络周期强连通的情形下可以确保所有个体达到平均一致。虽然这种设计方法充分考虑了网络的切换拓扑特性,但因为文献[92,97]要求切换网络在任意时刻都要保持无向或平衡,所以限制了其应用范围。

正如文献[58,87,111]指出的那样:要求数字通信网络,特别是运行在恶劣环境下的数字通信网络,在分布式情况下基于单向信息传递,且时刻保持平衡网络拓扑结构。时刻保持无向网络拓扑结构这一要求非常苛刻,这意味着通信算法必须具有信息回复或重发机制,以确保任意一条数字通道在任意时刻要么是断开的,要么在进行双向或对称信息传递,但这往往会造成算法在实际应用中难以实施的问题。因此,研究适用于一般的切换网络的量化一致性算法设计问题是十分必要的。最近,文献[111]对随机切换网络的量化一致性问题进行了研究。但文献[111]既没有考虑具体的量化器设计问题,也没有讨论每条连通的通道最少需要多少比特量化信息才能使网络达到一致性,而是假定任意时刻每个个体的状态已经是一个整数值,因此每个个体就是一个量化存储器。进而通过向每个个体引入一个剩余变量将系统扩维,借此寻求确保所有个体达成一致性和平均一致性的网络条件。

本章在文献[92]的研究基础上,针对具有周期强连通特性的一般有向切换数字通信网络,研究如何设计基于边的自适应动态一致量化器,以确保在所提出的量化一致性算法作用下,个体之间仅通过有限量化信息交互就能最终达成一致。不同于文献[92]的工作,本章提出的量化一致性算法允许个体之间进行单向信息传递，因而成对个体之间不必进行双向信息通信。因此，和文献[92]提出的量化一致性算法相比，本章提出的算法不需要消耗用于信息回复或重发的通信开销，故更加适用于数字通信网络。此外，因为文献[92]要求切换网络在任意时刻都要保持无向，所以网络最终的一致性值是确定不变的。这是因为无论切换网络如何变化，描述网络拓扑的切换平衡有向图(包括无向图)对应的拉普拉斯矩阵或随机邻接矩阵序列总是具有一个公共的左特征向量，从而总是可以构造一个公共的二次李雅普诺夫函数来分析闭环系统的一致性收敛[49]。而对于一般的非平衡有向切换网络，其对应的拉普拉斯矩阵或随机邻接矩阵序列的左特征向量也是随着网络拓扑的变化而变化，此时传统的网络加权平均一致不变性[177]与平均一致不变性[138]都不再成立，这就意味着网络最终的一致性值不再是固定不变的[127]，故而不存在一个可以用来分析闭环系统一致性收敛的公共的二次李雅普诺夫函数。因此，文献[92]的分析方法对一般的非平衡有向切换网络不再适用。为此，本章基于非二次李雅普诺夫函数法[15,17]，利用文献[178]提出的输入到输出稳定性(input-to-output stable)的相关结论来分析闭环系统的一致性收敛，并从理论上严格证明：只要有向切换网络是周期强连通的，则每个个体在每一时刻，仅需非互惠地向其任意邻居个体发送 3 比特或 5 量化水平的量化信息，同时向其自身发送 1 比特或 3 量化水平的量化信息，就足以保证有向切换网络指数地达到一致性。此外，还进一步地讨论了最终的一致性值。

5.2 问题描述

设一个多个体系统由 $N\,(N\geqslant 2)$ 个个体所组成，个体集合为 $\mho=\{1,2,\cdots,N\}$。个体 i 的一阶动力学方程为

$$x_i(k+1)=x_i(k)+u_i(k),\quad k=0,1,2,\cdots,\quad i\in\mho \tag{5.1}$$

式中，$x_i(k)$表示个体 $i(i\in\mho)$在第 k 时刻的状态，$u_i(k)$是待设计的关于个体 i 的控制输入。

本章考虑有向网络是切换拓扑情形。在第 k 时刻，个体间信息交换拓扑可

以用一个有向图 $G(k)=(\mathcal{V},E(k))$ 来描述，$E(k)=\{(i,j)\mid i,j\in\mathcal{V}\}$ 表示边集。有向边 $(i,j)\in E(k)$ 表示在第 k 时刻个体 i 向个体 j 发送信息，也就是说个体 i 是个体 j 的一个邻居，但反之则不然。如果对任意 $i,j\in\mathcal{V}(i\neq j)$，$(i,j)\in E(k)$ 意味着 $(j,i)\in E(k)$，那么称 $G(k)$ 为无向图，否则称为有向图。个体 i 在第 k 时刻的邻居集合定义为 $N_i(k)=\{j\in\mathcal{V},(j,i)\in E(k),i\neq j\}$，则有向网络拓扑的时变性就完全通过时变集合 $N_i(k)$ 来描述。令集合 $N_i=\bigcup_{k=1}^{\infty}N_i(k)$ 表示个体 i 的所有时刻邻居集。$\boldsymbol{W}(k)=(w_{ij}(k))_{N\times N}$ 是有向图 $G(k)=(\mathcal{V},E(k))$ 对应的随机邻接矩阵，其中元素 $w_{ij}(k)$ 表示有向边 (j,i) 的边权，其描述了个体 i 对其邻居个体 j 发送的信息的可信度。$w_{ij}(k)>0$ 当且仅当 $(j,i)\in E(k)$，否则 $w_{ij}(k)=0$，即 i 在第 k 时刻，个体 j 没有向个体 i 发送信息。对于邻接矩阵 $\boldsymbol{W}(k)$ 及其元素 $\boldsymbol{w}_{ij}(k)$ 有如下假定。

假设 5.1(权规则) 邻接矩阵 $\boldsymbol{W}(k)$ 是一个具有正对角元素的随机矩阵，即存在一个正常数 ρ，使得对所有 $i\in\mathcal{V}$ 和 $k\geqslant 0$，$w_{ii}(k)=1-\sum\limits_{j\in N_i(k)}w_{ij}(k)\geqslant\rho>0$ 成立；同时对任意 $\forall i\neq j$，$w_{ij}(k)$ 满足 $w_{ij}(k)\in\{0\}\cup(\rho,1]$。

另外，对时变有向图 $G(k)=(\mathcal{V},E(k))$，我们有如下的连通性假定。

假设 5.2(周期强连通性) 存在一个正整数 $B\geqslant 1$，对任意 $k\geqslant 0$，有向联合图 $(\mathcal{V},E(k)\cup E(k+1)\cup\cdots\cup E(k+B-1))$ 是强连通的。

假设 5.2 意味着在任意时刻 k，有向图 $G(k)=(\mathcal{V},E(k))$ 可以是不连通的，但在一个有限的周期间隔 B 内，这些有向图的联合图是强连通的。这个假设可以确保个体之间的信息能够得到有效交换。

本章研究的问题是：针对有向切换网络多个体系统，设计一个合适的量化一致性算法或控制输入 $u_i(k)$，使得对任意给定的初始时刻状态 $x_i(0)(i\in\mathcal{V})$，基于有限量化信息通信的所有个体状态最终达到如下定义的一致性：

$$\lim_{k\to\infty}|x_i(k)-x_j(k)|=0,\quad\forall i,j\in\mathcal{V}\tag{5.2}$$

注解 5.1 在文献[89-95,99-103]中，所有个体状态要求最终趋向所有个体初始状态的算术平均值或加权平均值。而由式(5.2)可知，我们仅要求任意两个个体间的状态之差趋向零，并没有对最终的一致性值作任何限定。文献[56]也论述了类似的一致性问题，但在文献[56]中个体间是基于个体状态的精确信息通信，而本章中的所有个体是基于个体状态的有限量化信息进行通信。需要指出的是，本章考虑的是一般有向动态切换网络，传统的平均一致不变性和加权平均一致不变性在此种情形下不再成立，闭环系统一致性收敛分析也更为困难。因此，本章揭示了动态网络拓扑特性和有限量化信息对一致性的影响。

5.3 基于自适应的有限量化信息通信的一致性算法

5.3.1 基于自适应动态一致量化策略的量化通信

正如前几章所介绍的那样，在数字通信网络中，个体间只能相互交换量化信息。因为本章考虑的网络拓扑是动态切换的，所以本节我们将介绍基于边的自适应动态一致量化器的量化通信策略。图 5.1 所示为基于自适应动态一致量化策略的量化通信示意图[184]。

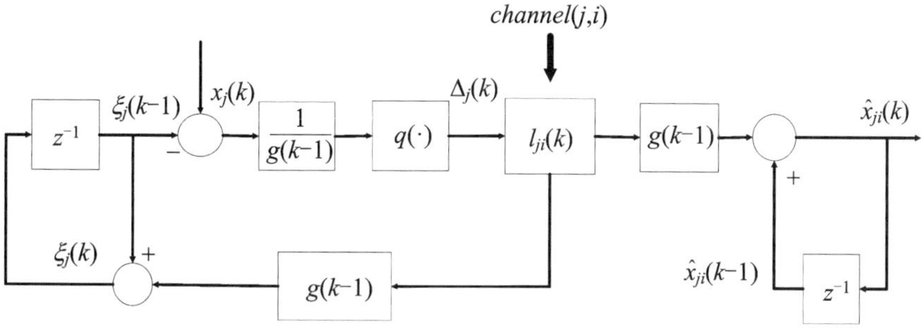

图 5.1　基于自适应动态一致量化策略的量化通信

对于个体 i 和 j，若 $w_{ij}(k)>0$，即在第 k 时刻有向边(j,i)是连通的，个体 j 是 i 的邻居并向其发送信息。和文献[92]类似，我们对发送信息个体 j 对应于有向边(j,i)的编码器 Φ_{ji} 的编码算法定义为

$$\begin{cases}\xi_{ji}(0)=0\\ \xi_{ji}(k)=\xi_{ji}(k-1)+g(k-1)I_{ji}(k)\Delta_{ji}(k)\\ \Delta_{ji}(k)=q_k^{ji}\left(\dfrac{x_j(k)-\xi_{ji}(k-1)}{g(k-1)}\right),\quad k=1,2,\cdots\end{cases}\tag{5.3}$$

式中，$x_j(k)$是个体 j 的实值状态变量，$\xi_{ji}(k)$是编码器 Φ_{ji} 在 k 时刻的内部变量，$\Delta_{ji}(k)$是编码器的输出变量，即所谓的符号码。$q_k^{ji}(\cdot)$表示在第 k 时刻有向边(j,i)所配置的具有有限量化水平的一致量化器。因为网络拓扑是动态切换的，所以这里 $q_k^{ji}(\cdot)$的限量化水平也会随着有向边(j,i)是否连通而作相应调整，这样设计的量化器称为基于边的自适应量化器。$g(k)$是一个待设计的动态比例函数，引入它的目的是为了避免量化器 $q_k^{ji}(\cdot)$饱和。受文献[92]启发，本章引入指标变量 $I_{ji}(k)$，用来表示有向边(j,i)在第 k 时刻是否连通，其定义为

$$I_{ji}(k)=\begin{cases}1, & w_{ij}(k)>0\\ 0, & w_{ij}(k)=0\end{cases}\tag{5.4}$$

对个体 s，如果对任意 $k\geqslant 0$ 都有 $s\notin N_i(k)$，即有向边(s,i)从未连接，那么这意味着个体 s 从未向个体 i 发送信息，因此对于这些个体 s 不需要考虑设计编码器。

相应地，当个体 i 在第 k 时刻沿着有向边(j,i)接收到来自个体 j 的符号码 $\Delta_{ji}(k)$时，我们对接收信息个体 i 对应于有向边(j,i)的解码器 H_{ji} 的解码算法定义为

$$\begin{cases}\hat{x}_{ji}(0)=0\\ \hat{x}_{ji}(k)=\hat{x}_{ji}(k-1)+g(k-1)I_{ji}(k)\Delta_{ji}(k),\quad k=1,2,\cdots\end{cases}\tag{5.5}$$

式中，$\hat{x}_{ji}(k)$是解码器 H_{ji} 的输出变量，表示第 k 时刻个体 i 对个体 j 状态 $x_j(k)$ 的估计值。

在式(5.3)和式(5.5)中，指标变量 $I_{ji}(k)$的作用是作为编码器 Φ_{ji} 和解码器 H_{ji} 的迭代增益，其揭示了编码器 Φ_{ji} 和解码器 H_{ji} 对有向边(j,i)在第 k 时刻是否连通状况的依赖关系。

在文献[92]中，无向边(j,i)(或(i,j))对应的编码器 Φ_{ji} 和解码器 H_{ji} 迭代增益是用无向无权图的边权 $a_{ji}(k)$来表示的，即

$$a_{ji}(k)=a_{ij}(k)=\begin{cases}1, & \text{无向边}(j,i)\text{ 在第 }k\text{ 时刻连通}\\ 0, & \text{无向边}(j,i)\text{ 在第 }k\text{ 时刻断开}\end{cases}\tag{5.6}$$

在式(5.3)中，有向边(j,i)对应的量化器 $q_k^{ji}(\cdot)$是一个具有有限量化水平

的一致对称量化器，和第4章一样，本章也采用具有有限量化水平的一致对称量化器，即

$$q(m)=\begin{cases}0, & -\dfrac{1}{2}<m<\dfrac{1}{2}\\ i, & \dfrac{2i-1}{2}\leqslant m<\dfrac{2i+1}{2}\\ K, & m\geqslant\dfrac{2K-1}{2}\\ -\mathrm{q}(-m), & m<-\dfrac{1}{2}\end{cases}\tag{5.7}$$

其对应的量化水平集 $\Gamma=\{0,\pm i(i=1,2,\cdots,K)\}$ 仅含有有限的元素。

因为本章考虑的是时变切换网络情形，所以不同于第4章的固定网络情形，这里的每一条有向边 (j,i) 对应的量化器 $q_k^{ji}(\cdot)$ 的量化水平参数 $K_{ji}(k)$ 会随着有向边 (j,i) 在第 $k-1$ 时刻是否连通作出自适应的调整或改变。其调整策略是：如果在第 $k-1$ 时刻有向边 (j,i) 是连通的，则第 k 时刻量化水平参数 $K_{ji}(k)$ 保持不变；如果在第 $k-1$ 时刻有向边 (j,i) 是断开的，则第 k 时刻量化水平参数 $K_{ji}(k)$ 将增大。这意味着将增加有向边 (j,i) 的信息精确度，从而抵消因有向边 (j,i) 的不可靠通信而带来的负面影响。

从式(5.3)～式(5.5)可以看出，随着有向边 (j,i) 在第 k 时刻是否连通，量化器 $q_k^{ji}(\cdot)$ 量化水平、编码器 Φ_{ji} 和解码器 H_{ji} 的输出都会作出自适应的调整。即这里的量化器是基于边设计的，这是和前两章固定有向网络拓扑情形基于节点的量化器设计方法的根本区别所在，当然也会给闭环系统的一致性收敛分析带来极大的困难。

注解5.2　同样，式(5.3)和式(5.5)意味着对任意 $i\in \mho$，$j\in N_i(k)\cup\{i\}$ 和 $k=0,1,2,\cdots$，总有 $\hat{x}_{ji}(k)=\xi_{ji}(k)$ 成立。此外，任意个体 $i\in \mho$ 都可以通过自环对应的解码器 H_{ii} 获得其自身的估计状态 $\hat{x}_{ii}(k)$。而在文献[92]中，因为任意个体 $i\in \mho$ 都没有自环，所以个体 i 不可能获得其自身的估计状态 $\hat{x}_{ii}(k)$，但可以获得自身对应的无向边 (i,j) 的编码器 Φ_{ij} 的内部状态 $\xi_{ij}(k)$。故此，虽然本章的自适应一致量化器的设计受文献[92]启发，但文献[92]仅仅考虑的是无向切换网络情形，而本章考虑的是更一般的有向切换网络情形。此外，我们没有和文献[97]一样，利用通信反馈的思想。

5.3.2 基于自适应动态一致量化策略的一致性算法设计

针对有向切换网络，当个体间均基于有限量化信息与其邻居进行信息通信时，我们对个体 i 设计如下的分布式量化一致性算法或控制输入：

$$u_i(k)=\alpha\sum_{j\in N_i(k)}w_{ij}(k)(\hat{x}_{ji}(k)-\hat{x}_{ii}(k)) \tag{5.8}$$

式中，$w_{ij}(k)$是有向切换网络 $G(k)=(\mho,E(k))$对应的随机邻接矩阵 $\boldsymbol{W}(k)$中(i,j)位置的元素，$0<\alpha\leqslant 1$ 是一个已知常数，被称为控制增益。和第 3 章类似，若减小控制增益 α，将会大大地降低每个信息通道所需的比特数目，从而大大地降低整个网络达到一致所需的量化信息总量。

由式(5.3)～式(5.5)可知，我们提出的量化一致性算法式(5.8)实质上是通过动态比例函数 $g(k)$和量化水平参数 $K_{ji}(k)(i,j\in\mho)$来描述的。本章后续部分我们将重点讨论如何设计合适的动态比例函数 $g(k)$和量化水平参数 $K_{ji}(k)(i,j\in\mho)$，以确保多个体系统式(5.1)最终达到一致性。

对任意 $i\in\mho,j\in N_i(k)\cup\{i\}$和 $k=0,1,2,\cdots$，总有 $\hat{x}_{ji}(k)=\xi_{ji}(k)$成立。则由式(5.8)可得

$$\begin{aligned}
u_i(k)&=\alpha\sum_{j\in N_i(k)}w_{ij}(k)(\hat{x}_{ji}(k)-\hat{x}_{ii}(k))\\
&=\alpha\sum_{j\in N_i(k)}w_{ij}(k)(\hat{x}_{ji}(k)-x_j(k)+x_j(k)-x_i(k)+x_i(k)-\hat{x}_{ii}(k))\\
&=\alpha\sum_{j\in N_i(k)}w_{ij}(k)(x_j(k)-x_i(k))-\alpha\sum_{j\in N_i(k)}w_{ij}(k)(x_j(k)-\hat{x}_{ji}(k))\\
&\quad+\alpha\sum_{j\in N_i(k)}w_{ij}(k)(x_i(k)-\hat{x}_{ii}(k))\\
&=\alpha\sum_{j\in N_i(k)}w_{ij}(k)(x_j(k)-x_i(k))-\alpha\sum_{j\in N_i(k)}w_{ij}(k)(x_j(k)-\hat{x}_{ji}(k))\\
&\quad+\alpha(1-w_{ii}(k))(x_i(k)-\hat{x}_{ii}(k))
\end{aligned} \tag{5.9}$$

和第 2 章、第 3 章类似，本章提出的量化一致性算法式(5.8)同样由三项组成。上式中的第三项 $\alpha\sum_{j\in N_i(k)}w_{ij}(k)(x_i(k)-\hat{x}_{ii}(k))=\alpha(1-w_{ii}(k))(x_i(k)-\hat{x}_{ii}(k))$ 表示个体 i 沿自环对其自身状态 $x_i(k)$进行估计的误差。

注解 5.3 如果无向网络中的所有个体均没有自环，那么每个个体 i 只能获得其自身编码器的内部状态 $\xi_{ij}(k)$。基于此，文献[92]提出了拉普拉斯形式

的量化一致性算法

$$u_i(k)=h\sum_{j\in N_i(k)}a_{ij}(k)(\hat{x}_{ji}(k)-\xi_{ij}(k)) \tag{5.10}$$

式中，h 为待设计的控制增益参数，$a_{ij}(k)=a_{ji}(k)(i\neq j)$ 为无向切换网络的拉普拉斯矩阵对应位置的元素，其定义见式(5.6)。因为个体没有自环，所以 $\hat{x}_{ji}(k)=\xi_{ji}(k)$ 对任意 $i\in\mathcal{V},j\in N_i,k=0,1,2,\cdots$ 成立，则由式(5.10)可知，文献[92]提出的量化一致性算法同样由三项组成

$$\begin{aligned}u_i(k)&=h\sum_{j\in N_i(k)}a_{ij}(k)(\hat{x}_{ji}(k)-\xi_{ij}(k))\\&=h\sum_{j\in N_i(k)}a_{ij}(k)(\hat{x}_{ji}(k)-x_j(k)+x_j(k)-x_i(k)+x_i(k)-\xi_{ij}(k))\\&=h\sum_{j\in N_i(k)}a_{ij}(k)(x_j(k)-x_i(k))-\sum_{j\in N_i(k)}a_{ij}(k)(x_j(k)-\hat{x}_{ji}(k))\\&\quad+\sum_{j\in N_i(k)}a_{ji}(k)(x_i(k)-\xi_{ij}(k))\end{aligned} \tag{5.11}$$

上式中的第三项是基于 $a_{ij}(k)=a_{ji}(k)(i\neq j)$ 得到的，表示个体 i 的邻居个体 $j\in N_i$ 对其状态 $x_i(k)$ 进行估计的累计误差，被称为对称误差补偿项，其在算法式(5.9)中具有非常重要的作用。和前两章类似，算法式(5.8)和算法式(5.9)的根本区别就在于第三项。正是因为这个对称误差补偿项以及 $a_{ij}(k)=a_{ji}(k)$ 对任意$i\neq j$都成立，所以

$$\sum_{i\in\mathcal{V}}\sum_{j\in N_i(k)}a_{ij}(k)[(x_i(k)-\xi_{ij}(k))-(x_j(k)-\hat{x}_{ji}(k))]\equiv 0$$

这意味着量化算法式(5.9)可以保证闭环系统具有状态平均不变性或平均一致不变性这一特性[138]

$$\frac{1}{N}\sum_{i=1}^{N}x_i(k+1)=\frac{1}{N}\sum_{i=1}^{N}x_i(k),\quad k=0,1,2,\cdots$$

因此，所有个体将最终达到平均一致性。同样，式(5.10)表明，实施该算法需要知道切换网络的无向边(j,i)和(i,j)在第 k 时刻是否同时连通或断开。这一要求对切换网络来说显然非常苛刻，因为这意味着算法式(5.10)必须具有信息回复或重发机制才能确保无向边(j,i)和(i,j)同时连通或断开。而算法式(5.8)表明，实施算法仅需要知道有向边(j,i)在第 k 时刻是否连通即可。因此，本章提出的算法式(5.8)不需要信息回复或重发机制，更适用于数字通信网络。

注解 5.4 需要明确的是：由于有向网络拓扑是切换的，算法式(5.9)意味着个体 i 在第 k 时刻具有 $|N_i(k)|$ 个编码器 Φ_{ji} 对其自身状态 $x_i(k)$ 进行编码，并得到 $\xi_{ji}(k)$，以及 $|N_i(k)|$ 个解码器 H_{ji} 对其邻居个体状态 $x_j(k)(j\in N_i(k))$

进行解码，并得到 $\hat{x}_{ji}(k)$。而算法式(5.8)则意味着个体 i 仅具有一个编码器 Φ_{ii} 对其自身状态进行编码，同时具有 $|N_i(k)|+1$ 个解码器 H_{ji}，这个额外的解码器 H_{ii} 主要用于对个体 i 自身状态进行解码，而其他 $|N_i(k)|$ 个解码器 H_{ji} 主要对其邻居个体状态 $x_j(k)(j\in N_i(k))$ 进行解码，并得到 $\hat{x}_{ji}(k)$。因此，本章和文献[92,97]的主要区别在于：考虑的网络拓扑不同，提出的量化一致性算法的本质也不同。

对于有向数字通道 (j,i)，一致对称量化器 $q_k^{ji}(\cdot)$ 是对预测误差 $x_j(k)-\xi_{ji}(k-1)$ 进行量化，并且对任意 $i\in\mho, j\in N_i(k)\cup\{i\}$ 和 $k=0,1,2,\cdots$，总有 $\hat{x}_{ji}(k)=\xi_{ji}(k)$ 成立。现定义估计误差 $e_{ji}(k)=x_j(k)-\xi_{ji}(k)$，以及量化误差 $\beta_{ji}(k)=\dfrac{x_j(k+1)-\xi_{ji}(k)}{g(k)}-\Delta_{ji}(k+1)$。利用上面定义，把量化一致性算法式(5.8)代入式(5.1)，并利用式(5.9)可得关于个体 i 的闭环系统

$$\begin{aligned}
x_i(k+1) &= x_i(k)+\alpha\sum_{j\in N_i(k)} w_{ij}(k)(\hat{x}_{ji}(k)-\hat{x}_{ii}(k)) \\
&= x_i(k)+\alpha\sum_{j\in N_i(k)} w_{ij}(k)(x_j(k)-x_i(k)) \\
&\quad -\alpha\sum_{j\in N_i(k)} w_{ij}(k)(x_j(k)-\hat{x}_{ji}(k)) \\
&\quad +\alpha\sum_{j\in N_i(k)} w_{ij}(k)(x_i(k)-\hat{x}_{ii}(k)) \\
&= x_i(k)+\alpha\sum_{j\in N_i(k)} w_{ij}(k)(x_j(k)-x_i(k)) \\
&\quad +\alpha\sum_{j\in N_i(k)} w_{ij}(k)(e_{ii}(k)-e_{ji}(k)) \\
&= x_i(k)+\alpha\sum_{j\in N_i(k)} w_{ij}(k)(x_j(k)-x_i(k))+\Delta r_i(k), \\
&\quad k=0,1,2,\cdots
\end{aligned} \tag{5.12}$$

式中，$\Delta r_i(k)=\alpha\sum\limits_{j\in N_i(k)} w_{ij}(k)(e_{ii}(k)-e_{ji}(k))=\alpha[(1-w_{ii}(k))e_{ii}(k)-e_i(k)]$。在上式中，如果 $w_{ij}(k)=0$，则令 $e_{ij}(k)=0$。

因 $w_{ii}(k)=1-\sum\limits_{j\in N_i(k)} w_{ij}(k)>0(i\in\mho)$，故式(5.12)可进一步写为

$$\begin{aligned}
x_i(k+1) &= x_i(k)+\alpha\sum_{j\in N_i(k)} w_{ij}(k)(x_j(k)-x_i(k))+\Delta r_i(k) \\
&= x_i(k)+\alpha\sum_{j\in N_i(k)} w_{ij}(k)x_j(k)-\alpha\sum_{j\in N_i(k)} w_{ij}(k)x_i(k)+\Delta r_i(k) \\
&= x_i(k)+\alpha\sum_{j\in N_i(k)} w_{ij}(k)x_j(k)-\alpha(1-w_{ii}(k))x_i(k)+\Delta r_i(k)
\end{aligned}$$

$$= (1-\alpha)x_i(k) + \alpha\sum_{j=1}^{N} w_{ij}(k)x_j(k) + \Delta r_i(k),$$
$$k = 0,1,2,\cdots \tag{5.13}$$

令 $\boldsymbol{x}(k)=(x_1(k),\cdots,x_N(k))^{\mathrm{T}}$，$\Delta\boldsymbol{r}(k)=(\Delta r_1(k),\cdots,\Delta r_N(k))^{\mathrm{T}}$，则由上式可得紧凑形式的闭环系统

$$\begin{aligned}\boldsymbol{x}(k+1) &= [(1-\alpha)\boldsymbol{I}+\alpha\boldsymbol{W}(k)]\boldsymbol{x}(k)+\Delta\boldsymbol{r}(k)\\ &= \boldsymbol{P}(k)\boldsymbol{x}(k)+\Delta\boldsymbol{r}(k),\quad k=0,1,2,\cdots\end{aligned} \tag{5.14}$$

式中，$\boldsymbol{P}(k)\triangleq(1-\alpha)\boldsymbol{I}+\alpha\boldsymbol{W}(k)=(p_{ij}(k))_{N\times N}$，$\alpha\in(0,1]$。

注解5.5 因为单位矩阵 $\boldsymbol{I}$ 和 $\boldsymbol{W}(k)$ 均为随机矩阵，所以迭代矩阵 $\boldsymbol{P}(k)$ 也是一个随机矩阵，并且 $\boldsymbol{W}(k)$ 和 $\boldsymbol{P}(k)$ 对应着相同的有向图 $G(k)=(\mathcal{V},E(k))$，只是边权不同。此外，当 $\boldsymbol{W}(k)$ 满足假设5.1时，$\boldsymbol{P}(k)$ 也同样满足假设5.1。

注解5.6 由注解5.3和式(5.14)可知，在本章提出的分布式量化一致性算法式(5.8)作用下，个体 i 的状态是其自身前一时刻状态和其邻居前一时刻状态的凸组合，以及另外加上一个差额项 $\Delta r_i(k)$。对于有向切换网络，$(j,i)\in E(k)$ 并不意味着 $(i,j)\in E(k)$，对称误差补偿机制对有向网络不再成立，因而文献[92]的量化一致性算法不能用来解决本章的问题。

注解5.7 对于固定网络拓扑情形，假定不同的边对应的量化器都是一样的，因为网络拓扑是固定的，为了不至于和节点之间没有连边的情况相混淆(如个体 i 和个体 j 没有连边 (j,i)，即 $a_{ji}(k)=0$ 或 $w_{ji}(k)=0$)，所以当量化器的输出为“0”时，一般假定“0”不需要发送。而对于固定网络拓扑情形，即使量化器的量化水平是 $2K+1$，因输出“0”不需要发送，故此时量化器真正发送的还是 $\lceil\log_2(2K)\rceil$ 比特量化信息。而对于切换网络情形，即使量化器的输出为“0”，也要把输出“0”沿着有向边发送出去。因为这里的自适应一致量化策略是对有向切换网络的每一条边都设计一个不同的量化器 $q_k^{ji}(\cdot)$，并且假定有向切换网络的每一个个体在每一时刻都有一个自环，所以和固定网络拓扑情形完全一样，每个自环在每一时刻仅需要发送1比特或3量化水平的量化信息，即 $K=1$ 或 $\lceil\log_2(2)\rceil=1$。而其他非自环的有向边 (j,i) 对应的量化器 $q_k^{ji}(\cdot)$ 在第 k 时刻的量化水平为 $2K_{ji}(k)+1$，或者说发送 $\lceil\log_2(2K_{ji}(k)+1)\rceil$ 比特量化信息。

5.3.3 相关引理

因为有向网络拓扑是切换时变的，很难保证所有的时变随机矩阵序列 $\{\boldsymbol{P}(k)\}(k\geqslant 0)$ 都存在一个公共的左特征向量，传统的状态平均或加权平均不变性这一守恒特性在此情况下不再成立，所以不存在一个公共的二次或广义二次李雅普诺夫函数可以用于一致性收敛分析。此外，由注解 5.6 可知，在提出的量化一致性算法式(5.8)作用下，个体 i 的闭环系统具有一个额外的差额项 $\Delta r_i(k)$，使得一致性收敛分析变得困难。这两个特点使得本章提出的量化一致性算法式(5.8)不同于已有的量化一致性算法。下面我们将基于文献[15,17]提出的非二次李雅普诺夫函数法来建立一些必要的引理。

为了分析闭环系统式(5.13)，对向量 $\boldsymbol{x}(k)=(x_1(k),\cdots,x_N(k))^{\mathrm{T}}$ 定义如下最大和最小变量：

$$M(k)=\max_{i\in\mho}x_i(k);\quad m(k)=\min_{i\in\mho}x_i(k)$$

类似地，对向量 $\Delta\boldsymbol{r}(k)=(\Delta r_1(k),\cdots,\Delta r_N(k))^{\mathrm{T}}$ 进行定义

$$\Delta r_{\max}(k)=\max_{i\in\mho}\Delta r_i(k);\quad \Delta r_{\min}(k)=\min_{i\in\mho}\Delta r_i(k)$$

并进一步定义

$$D(k)=M(k)-m(k);\quad \Delta R(k)=\Delta r_{\max}(k)-\Delta r_{\min}(k)$$

显然，对任意 $k\geqslant 0$，$D(k)=\max_{i,j\in\mho}|x_i(k)-x_j(k)|\geqslant 0$ 成立。进一步地，如果 $\lim_{k\to\infty}D(k)=0$，则由定义式(5.2)可知，多个体系统式(5.1)达到一致。因此，非二次李雅普诺夫函数 $D(k)$ 描述了一致性误差，从而可以用来定量分析系统的一致性收敛。另外，定义 $\max_{i,j}|e_{ji}(k)|=\max_{i\in\mho,j\in N_i(k)\cup\{i\}}|e_{ji}(k)|$，则 $\max_{i,j}|e_{ji}(k)|=\max_{j,i}|e_{ij}(k)|$ 成立。同时，利用矩阵 $\boldsymbol{W}(k)$ 的随机性可得 $\Delta r_{\max}(k)\leqslant 2\max_{i,j}|e_{ji}(k)|$，$\Delta r_{\min}(k)\geqslant -2\max_{i,j}|e_{ji}(k)|$，因此可得关系式

$$\Delta R(k)=\Delta r_{\max}(k)-\Delta r_{\min}(k)\leqslant 4\max_{i,j}|e_{ji}(k)| \tag{5.15}$$

此外，我们对假设 5.2 作进一步解读。对任意正整数 $s\geqslant 0$，我们限定个体 $\hbar\in\mho$，并令 $D_0=\{\hbar\}$。显然，若假设 5.2 成立，则一定存在一个非空集合 $D_1=\mho\backslash D_0$，使得在时间间隔 $[s,s+(B-1)]$ 内，任意的个体 $i\in D_1$ 和个体 $\hbar$ 至少交换一次信息。类似地，基于数学归纳法，$D_{l+1}=\mho\backslash(D_0\cup D_1\cup\cdots\cup D_l)$ 表

示这样一个集合：对任意的个体 $j\in D_{l+1}$，则一定存在某个个体 $i\in(D_0\cup D_1\cup\cdots\cup D_l)$，使得在时间间隔 $[s+lB,s+((l+1)B-1)]$ 内，个体 i 和个体 j 至少交换一次信息。同时由假设 5.2 可知：只要 $\mho\backslash(D_0\cup D_1\cup\cdots\cup D_l)\neq\varnothing$，则必然有 $D_{l+1}\neq\varnothing$。因此，集合 $D_0,D_1,\cdots,D_L$ 构成个体集合 $\mho$ 的一个分割，这里 $\mathfrak{L}\leqslant N-1$。

有了上面的准备知识，可以发现，在量化一致性算法式(5.8)作用下得到的闭环系统式(5.13)和文献[178]提出的一阶动态一致性算法作用下得到的闭环系统具有完全相同的形式。进而当假设 5.1 和假设 5.2 成立时，并注意到注解 5.4，此时文献[178]中引理 3.1 和定理 3.1 的所有假设条件都能满足。因此，我们借鉴文献[178]中引理 3.1 和定理 3.1 的相关结论，可能给出以下两条引理。

引理 5.1　假定假设 5.1 和假设 5.2 成立，正整数 $s\geqslant 0$，且固定 $\hbar\in\mho$，$D_0,D_1,\cdots,D_L$ 构成个体集合 $\mho$ 的一个分割，则对任意 $l\in\{1,2,\cdots,\mathfrak{L}\}$ $(\mathfrak{L}\leqslant N-1)$，一定存在一个 $\eta_l>0$，满足 $\eta_0=\rho^{NB-1}$，使得正整数 $p\in(lB,\mathfrak{L}B-1)$ 和 $i\in D_l$，当 $k=s+p$ 时下面两式成立

$$x_i(k)\geqslant m(s)+\sum_{q=0}^{p-1}\Delta r_{\min}(s+q)+\eta_l(x_\hbar(s)-m(s)) \tag{5.16}$$

$$x_i(k)\geqslant M(s)+\sum_{q=0}^{p-1}\Delta r_{\max}(s+q)-\eta_l(M(s)-x_\hbar(s)) \tag{5.17}$$

进一步令 $\eta=\rho^{\frac{1}{2}N(N+1)B-1}$，则对任意 $l\in\{1,2,\cdots,\mathfrak{L}\}$ $(\mathfrak{L}\leqslant N-1)$，$\eta\leqslant\eta_l$ 成立。现用 t 和 $t_1=t+\mathfrak{L}B+B-1$ 分别替代式(5.16)和式(5.17)中的 s 和 k，则有

$$\begin{aligned} m(t_1)&=\min_{l\in\{1,2,\cdots,\mathfrak{L}\}}\min_{i\in D_l}x_i(t_1)\\ &\geqslant m(s)+\sum_{q=t}^{t_1-1}\Delta r_{\min}(q)+\min_{l\in\{1,2,\cdots,\mathfrak{L}\}}\eta_l(x_\hbar(t)-m(t))\\ &\geqslant m(s)+\sum_{q=t}^{t_1-1}\Delta r_{\min}(q)+\eta(x_\hbar(t)-m(t)) \end{aligned} \tag{5.18}$$

类似可得

$$\begin{aligned} M(t_1)&=\max_{l\in\{1,2,\cdots,\mathfrak{L}\}}\max_{i\in D_l}x_i(t_1)\\ &\leqslant M(t)+\sum_{q=t}^{t_1-1}\Delta r_{\max}(q)-\eta(M(t)-x_\hbar(t)) \end{aligned} \tag{5.19}$$

从而由式(5.18)和式(5.19)以及 $D(k)$的定义得到如下引理。

引理 5.2 假定假设 5.1 和假设 5.2 成立。令 $\eta=\rho^{\frac{1}{2}N(N+1)B-1}$,对任意 $t\geqslant 0$ 令 $t_1=t+\Omega B+B-1$,则有

$$D(t_1)\leqslant(1-\eta)D(t)+\sum_{q=t}^{t_1-1}\Delta R(q) \tag{5.20}$$

此外,对正整数 $h\geqslant 1$,定义 $h(NB-1)=T_h$。进而对任意正整数 $k\geqslant 1$,令 s 是满足 $s(NB-1)=T_s\leqslant k<(s+1)(NB-1)$的最大正整数,从而利用式(5.20)可得

$$\begin{aligned}
D(k)&\leqslant(1-\eta)D(T_s)+\sum_{q=T_s}^{k-1}\Delta R(q)\\
&\leqslant(1-\eta)^sD(0)+(1-\eta)^{s-1}\sum_{q=0}^{T_1-1}\Delta R(q)+\cdots\\
&\quad+(1-\eta)\sum_{q=T_{s-1}-1}^{T_s-1}\Delta R(q)+\sum_{q=T_s}^{k-1}\Delta R(q)\\
&=(1-\eta)^{s+1}\frac{1}{1-\eta}D(0)+\Omega(k)\\
&=(1-\eta)^{\frac{(s+1)(NB-1)}{NB-1}}\frac{1}{1-\eta}D(0)+\Omega(k)\\
&\leqslant(1-\eta)^{\frac{k}{NB-1}}\frac{1}{1-\eta}D(0)+\Omega(k) \qquad (5.21)\\
&\leqslant(1-\eta)^{\frac{k-1}{NB-1}}\frac{1}{1-\eta}D(0)+\Omega(k)
\end{aligned}$$

式中,不等式(5.21)利用了 $0<1-\eta<1$ 和 $k<(s+1)(NB-1)$,且其中

$$\begin{aligned}
\Omega(k)&=(1-\eta)^{s-1}\sum_{q=0}^{T_1-1}\Delta R(q)+\cdots+(1-\eta)\sum_{q=T_{s-1}-1}^{T_s-1}\Delta R(q)+\sum_{q=T_s}^{k-1}\Delta R(q)\\
&\leqslant 4(NB-2)\sup_{0\leqslant t\leqslant k-1}\max_{ij}|e_{ji}(t)|\left[(1-\eta)^{s-1}+\cdots+(1-\eta)+1\right]\\
&\leqslant 4(NB-2)\frac{1}{\eta}\sup_{0\leqslant t\leqslant k-1}\max_{ij}|e_{ji}(t)|\\
&=4(NB-2)\frac{1}{\rho^{\frac{1}{2}N(N+1)B-1}}\sup_{0\leqslant t\leqslant k-1}\max_{ij}|e_{ji}(t)| \qquad (5.22)
\end{aligned}$$

上式中的第一个不等式利用了式(5.15)。

注解 5.8 引理 5.2 实际上建立了一致性误差 $D(k)$和估计误差 $e_{ji}(t)$之间的关系,并且这条引理对于我们后面主要结论的证明非常关键。但需要明确指出的是:基于个体间的精确状态信息通信,文献[178]研究了平衡有向网络多个

体系统的动态平均一致性，即所有个体状态最终趋于若干时变跟踪信号的算术平均。动态平均一致性是另一类重要的平均一致性问题，而本书研究的是静态（加权）平均一致性问题，即要求所有个体状态最终趋于其初始时刻状态值的（加权）算术平均。

由引理5.2可知，若 $\sup\limits_{0\leqslant t\leqslant k-1}\max\limits_{ij}|e_{ji}(t)|$ 有界，则闭环系统式(5.13)是输入到输出稳定的。由 $e_{ji}(k)$、$\beta_{ji}(k)$ 的定义，以及 $\hat{x}_{ji}(k)=\xi_{ji}(k)$，我们可得

$$e_{ji}(k+1)=g(k)\beta_{ji}(k) \tag{5.23}$$

由上可知，如果量化误差 $\beta_{ji}(k)$ 有界，并且当 $k\rightarrow\infty$ 时，$g(k)\rightarrow 0$，则估计误差为 $e_{ji}(k+1)$，即 $\sup\limits_{0\leqslant t\leqslant k-1}\max\limits_{ij}|e_{ji}(t)|$ 当 $k\rightarrow\infty$ 时渐近地趋于0。而这得以实现的关键是如何设计适当的动态比例函数 $g(k)$ 以及量化水平参数 $K_{ji}(k)$，使其在提出的量化一致性算法式(5.8)作用下，系统式(5.1)渐近地达到一致性，并且所有有向边 (j,i) 对应的量化器 $q_k^{ji}(\cdot)$ 在运行过程中始终没有饱和。

基于以上分析，有向切换网络多个体系统基于有限量化信息通信的一致性问题可描述为：在有向图 $G(k)=(\mho,E(k))$ 周期强连通和对应的邻接矩阵 $\boldsymbol{W}(k)$ 满足假设5.1的前提下，如何设计动态比例函数 $g(k)$ 和量化水平参数 $K_{ji}(k)$，使其在提出的控制输入式(5.8)作用下，网络中的所有个体最终达成一致。

5.4　一致性收敛分析

接下来我们对闭环系统式(5.13)的一致性收敛进行分析，为此我们引入以下假设条件。

假设5.3(初始条件)　个体的初始状态值 $x_i(0)(i\in\mho)$ 满足 $\|\boldsymbol{x}(0)\|_\infty=\max\limits_{1\leqslant i\leqslant N}|x_i(0)|\leqslant C_x$，$D(0)=M(0)-m(0)\leqslant C_\delta$，其中 C_x 和 C_δ 是已知的非负常数。

定理5.1　假定假设5.1～假设5.3成立。令 $\mu=\sup\limits_{k\geqslant 1}\dfrac{g(k-1)}{g(k)}$，且满足

$\mu<\frac{1}{(1-\eta)^{\frac{1}{NB-1}}}$。对任意$(i,j)$，如果量化水平参数 $K_{ij}(k)$满足

$$K_{ij}(1)\geqslant\frac{C_x}{g(0)}-\frac{1}{2} \tag{5.24}$$

$$K_{ij}(2)\geqslant\begin{cases}\dfrac{2\alpha C_\delta+(2\alpha+1)g(0)}{2g(1)}-\dfrac{1}{2}, & w_{ji}(1)>0\\[2ex] \dfrac{\alpha C_\delta}{g(1)}+\dfrac{\left(K_{ij}(1)+\frac{1}{2}+\alpha\right)g(0)}{g(1)}-\dfrac{1}{2}, & w_{ji}(1)=0\end{cases} \tag{5.25}$$

$$K_{ij}(k+1)\geqslant\begin{cases}K_{\alpha,\mu}+\dfrac{(2\alpha+1)\mu}{2}-\dfrac{1}{2}, & w_{ji}(k)>0\\[2ex] K_{\alpha,\mu}+(K_{ij}(k)+\alpha)\mu+\dfrac{\mu-1}{2}, & w_{ji}(k)=0\end{cases} \tag{5.26}$$

这里

$$K_{\alpha,\mu}=\frac{\alpha\mu C_\delta}{g(0)(1-\eta)}+\frac{2\alpha\mu(NB-2)}{\rho^{\frac{1}{2}N(N+1)B-1}} \tag{5.27}$$

那么在量化一致性算法式(5.8)作用下，闭环系统式(5.13)满足

$$\limsup_{k\to\infty}\frac{|x_j(k)-x_i(k)|}{g(k)}\leqslant\frac{2\alpha\mu(NB-2)}{\rho^{\frac{1}{2}N(N+1)B-1}} \tag{5.28}$$

若当 $k\to\infty$，$g(k)\to 0$ 时，则有

$$\lim_{k\to\infty}|x_j(k)-x_i(k)|=0$$

即多个体系统式(5.1)达到一致性。

注解 5.9 式(5.26)表明，有向边(i,j)量化器 $q_k^{ij}(\cdot)$的量化水平参数 $K_{ij}(k)$随着有向边(i,j)在上一时刻是否连通自适应地进行调整。若上一时刻有向边(i,j)是连通的，则下一时刻量化水平参数 $K_{ij}(k)$保持不变；若上一时刻有向边(i,j)是断开的，则下一时刻量化水平参数 $K_{ij}(k)$将增大，这样通过增加有向边(i,j)量化信息的精确度可以抵消因有向边(i,j)的不可靠通信所带来的负面影响。

证明 由 $e_{ji}(k)$、$\beta_{ji}(k)$的定义和 $\hat{x}_{ji}(k)=\xi_{ji}(k)$，可得

$$w_{ij}(t)e_{ij}(t)=w_{ij}(t)g(k-1)\beta_{ij}(t) \tag{5.29}$$

则式(5.12)可写为

$$x_i(k+1)=x_i(k)+\alpha\sum_{j\in N_i(k)}w_{ij}(k)(x_j(k)-x_i(k))$$

$$+\alpha\sum_{j\in N_i(k)}w_{ij}(k)(e_{ii}(k)-e_{ji}(k))$$

$$=x_i(k)+\alpha\sum_{j\in N_i(k)}w_{ij}(k)(x_j(k)-x_i(k))$$

$$+\alpha g(k-1)\sum_{j\in N_i(k)}w_{ij}(k)(\beta_{ii}(k-1)-\beta_{ji}(k-1)),$$

$$k=0,1,2,\cdots \tag{5.30}$$

由式(5.3)和式(5.4)可知

$$\begin{cases}\xi_{ij}(k)=\xi_{ij}(k-1)+g(k-1)\Delta_{ij}(k), & w_{ji}(k)>0\\ \xi_{ij}(k)=\xi_{ij}(k-1), & w_{ji}(k)=0\end{cases} \tag{5.31}$$

再次利用 $\beta_{ji}(t)$ 的定义，当 $w_{ji}(k)>0$ 时，由式(5.23) 和式(5.31)可知

$$g(k-1)\beta_{ij}(k-1)=x_i(k)-\xi_{ij}(k-1)-g(k-1)\Delta_{ij}(k) \tag{5.32}$$

成立。进而利用 $\boldsymbol{W}(k)$ 是一个随机矩阵，以及关系式 $\max\limits_{ij}|\beta_{ji}(k)|=\max\limits_{ji}|\beta_{ij}(k)|$，并由式(5.30)可知：当 $w_{ji}(k)>0$ 时，有向边 (i,j) 在第 k 时刻连通，则

$$\frac{|x_i(k+1)-\xi_{ij}(k)|}{g(k)}$$

$$\leqslant\frac{\alpha\max\limits_{ji}|x_j(k)-x_i(k)|}{g(k)}+\frac{(2\alpha+1)g(k-1)}{g(k)}\max_{ji}|\beta_{ij}(k-1)| \tag{5.33}$$

成立。当 $w_{ji}(k)=0$ 时，有向边 (i,j) 在第 k 时刻断开，则

$$\frac{|x_i(k+1)-\xi_{ij}(k)|}{g(k)}$$

$$\leqslant\frac{|x_i(k)-\xi_{ij}(k-1)|}{g(k-1)}\left|\frac{g(k-1)}{g(k)}\right|+\frac{\alpha\max\limits_{ji}|x_j(k)-x_i(k)|}{g(k)}$$

$$+\frac{2\alpha g(k-1)}{g(k)}\max_{ji}|\beta_{ij}(k-1)| \tag{5.34}$$

成立。由式(5.3)和注解 5.2 可知，式(5.33)和式(5.34)实际上建立了第 k 时刻有向边 (i,j) 在连通和断开两种情况下，沿着有向边 (i,j) 待量化的变量 $\dfrac{|x_i(k+1)-\xi_{ij}(k)|}{g(k)}$、一致性误差 $\max\limits_{ji}|x_j(k)-x_i(k)|$ 和量化误差 $\max\limits_{ji}|\beta_{ji}(k-1)|$ 之间的关系。下面我们将基于式(5.33)、式(5.34)并利用数学归纳法证明：通过设计合适的动态比例函数 $g(k)$ 和量化水平参数 $K_{ji}(k)$，使得网络中的所有有向边 (i,j) 的量化器 $q_k^{ij}(\cdot)$ 不会饱和，从而在提出的量化一致

性算法式(5.8)作用下,确保网络中的所有个体最终达到一致。

由式(5.3)和式(5.5)可知,$\hat{x}_{ji}(0)=\xi_{ji}(0)$对所有$(i,j)\in E(0)$,结合式(5.1)和式(5.8)可得 $\boldsymbol{x}(0)=\boldsymbol{x}(1)$ 和 $D(0)=D(1)\leqslant C_\delta$。进一步利用$\max\limits_{ji}|x_j(k)-x_i(k)|\leqslant D(k)$并结合式(5.21)、式(5.24)和式(5.29)可得

$$\frac{\max\limits_{ji}|x_j(k)-x_i(k)|}{g(k)} \leqslant \frac{(1-\eta)^{\frac{k-1}{NB-1}}\frac{1}{1-\eta}D(1)}{g(k)} + \frac{4(NB-2)\rho^{-\frac{1}{2}N(N+1)B+1}g(k-1)}{g(k)}\sup_{0\leqslant t\leqslant k-2}\max_{ji}|\beta_{ij}(t)| \tag{5.35}$$

进而由式(5.33)可知,当 $w_{ji}(k)>0$ 时,

$$\frac{|x_i(k+1)-\xi_{ij}(k)|}{g(k)} \leqslant \frac{(1-\eta)^{\frac{k-1}{NB-1}}\frac{1}{1-\eta}D(1)}{g(k)} + \frac{4(NB-2)\rho^{-\frac{1}{2}N(N+1)B+1}g(k-1)}{g(k)}\sup_{0\leqslant t\leqslant k-1}\max_{ji}|\beta_{ij}(t-1)| + \frac{(2\alpha+1)g(k-1)}{g(k)}\max_{ji}|\beta_{ij}(k-1)|,\quad k=1,2,3,\cdots \tag{5.36}$$

成立。类似地由式(5.35)和式(5.34)可知,当 $w_{ji}(k)=0$ 时,

$$\frac{|x_i(k+1)-\xi_{ij}(k)|}{g(k)} \leqslant \frac{|x_i(k)-\xi_{ij}(k-1)|}{g(k-1)}\left|\frac{g(k-1)}{g(k)}\right| + \frac{\alpha(1-\eta)^{\frac{k-1}{NB-1}}\frac{1}{1-\eta}D(1)}{g(k)} + \frac{4\alpha(NB-2)\rho^{-\frac{1}{2}N(N+1)B+1}g(k-1)}{g(k)}\sup_{0\leqslant t\leqslant k-1}\max_{ji}|\beta_{ij}(t-1)| + \frac{2\alpha g(k-2)}{g(k)}\max_{ji}|\beta_{ij}(k-1)|,\quad k=1,2,3,\cdots \tag{5.37}$$

成立。有了以上的准备工作,我们将利用数学归纳法对闭环系统式(5.13)的收敛性进行分析。

首先,通过假设 5.3 和式(5.24)并利用 $\xi_{ij}(0)=0$ 可得

$$\frac{|x_i(1)-\xi_{ij}(0)|}{g(0)} = \frac{|x_i(1)|}{g(0)} \leqslant K_{ji}(1)+\frac{1}{2} \tag{5.38}$$

其次，结合注解 5.2 和式(5.7)定义的一致量化器的性质，则

$$\max_{ji}|\beta_{ij}(0)|\leqslant\frac{1}{2}\tag{5.39}$$

对所有$(i,j)\in E(1)$成立。即当 $k=1$ 时所有有向通道量化器 $q_1^{ij}(\cdot)$均未饱和。

类似地，若 $w_{ji}(1)>0$，则通过式(5.33)并结合式(5.25)可得

$$\frac{|x_i(2)-\xi_{ij}(1)|}{g(1)}\leqslant\frac{2\alpha C_\delta+(2\alpha+1)g(0)}{g(1)}-\frac{1}{2}+\frac{1}{2}\leqslant K_{ij}(2)+\frac{1}{2}\tag{5.40}$$

若 $w_{ji}(1)=0$，则通过式(5.34)并结合式(5.25)可得

$$\frac{|x_i(2)-\xi_{ij}(1)|}{g(1)}\leqslant\frac{\alpha C_\delta}{g(1)}+\frac{\left(K_{ij}(1)+\frac{1}{2}+\alpha\right)g(0)}{g(1)}-\frac{1}{2}+\frac{1}{2}\leqslant K_{ij}(2)+\frac{1}{2}\tag{5.41}$$

综合上面两式，即得

$$\max_{ji}|\beta_{ij}(1)|\leqslant\frac{1}{2}\tag{5.42}$$

对所有$(i,j)\in E(2)$成立。即当 $k=2$ 时所有有向通道的量化器 $q_2^{ij}(\cdot)$均未饱和。

现在假定$\max\limits_{ji}|\beta_{ij}(t)|\leqslant\frac{1}{2}$对所有的 $t=1,2,\cdots,k-1(k=2,3,\cdots)$成立，即$\sup\limits_{0\leqslant t\leqslant k-1}\max\limits_{ji}|\beta_{ij}(t)|\leqslant\frac{1}{2}$成立，下面我们将证明$\max\limits_{ji}|\beta_{ij}(k)|\leqslant\frac{1}{2}$，也就是 $k+1$ 时刻所有有向数字通道的一致量化器 $q_{k+1}^{ij}(\cdot)$均没有饱和。

类似地，若 $w_{ji}(k)>0$，则由式(5.36)可得

$$\begin{aligned}
&\frac{|x_i(k+1)-\xi_{ij}(k)|}{g(k)}\\
&\leqslant\frac{\alpha(1-\eta)^{\frac{k-1}{NB-1}}\dfrac{1}{1-\eta}D(1)}{g(k)}+\frac{2\alpha(NB-2)\rho^{-\frac{1}{2}N(N+1)B+1}g(k-1)}{g(k)}\\
&\quad+\frac{(2\alpha+1)g(k-1)}{2g(k)}\\
&\leqslant\frac{\alpha(1-\eta)^{\frac{k-1}{NB-1}}\dfrac{1}{1-\eta}D(1)}{g(0)}\prod_{j=1}^{k}\frac{g(j-1)}{g(j)}\\
&\quad+\frac{2\alpha(NB-2)\rho^{-\frac{1}{2}N(N+1)B+1}g(k-1)}{g(k)}+\frac{(2\alpha+1)g(k-1)}{2g(k)}
\end{aligned}$$

$$\leqslant \frac{\alpha\mu C_\delta}{g(0)(1-\eta)}+\frac{2\alpha\mu(NB-2)}{\rho^{\frac{1}{2}N(N+1)B-1}}+\frac{(2\alpha+1)\mu}{2}-\frac{1}{2}+\frac{1}{2} \tag{5.43}$$

在以上的推导过程中，为了得到最后一个不等式，我们利用了假设条件 $\mu=\sup_{k\geqslant 1}\frac{g(k-1)}{g(k)}$ 和 $\mu<\frac{1}{(1-\eta)^{\frac{1}{NB-1}}}$，因而 $((1-\eta)^{\frac{1}{NB-1}}\mu)^{k-1}<1$ 成立。

同样的，若 $w_{ji}(k)=0$，则利用关系式 $\frac{|x_i(k)-\xi_{ij}(k-1)|}{g(k-1)}\leqslant K_{ij}(k)+\frac{1}{2}$ 并结合式(5.37)可得

$$\begin{aligned}
&\frac{|x_i(k+1)-\xi_{ij}(k)|}{g(k)}\\
&\leqslant \frac{\alpha(1-\eta)^{\frac{k-1}{NB-1}}\frac{1}{1-\eta}D(1)}{g(k)}+\frac{2\alpha(NB-2)\rho^{-\frac{1}{2}N(N+1)B+1}g(k-1)}{g(k)}\\
&\quad+\frac{\left(K_{ij}(k)+\frac{1}{2}+\alpha\right)g(k-1)}{g(k)}\\
&\leqslant \frac{\alpha(1-\eta)^{\frac{k-1}{NB-1}}\frac{1}{1-\eta}D(1)}{g(0)}\prod_{j=1}^{k}\frac{g(j-1)}{g(j)}+\frac{2\alpha(NB-2)\rho^{-\frac{1}{2}N(N+1)B+1}g(k-1)}{g(k)}\\
&\quad+\frac{\left(K_{ij}(k)+\frac{1}{2}+\alpha\right)g(k-1)}{g(k)}\\
&\leqslant \frac{\alpha\mu C_\delta}{g(0)(1-\eta)}+\frac{2\alpha\mu(NB-2)}{\rho^{\frac{1}{2}N(N+1)B-1}}+\left(K_{ij}(k)+\frac{1}{2}+\alpha\right)\mu-\frac{1}{2}+\frac{1}{2}
\end{aligned} \tag{5.44}$$

综合式(5.43)和式(5.44)并利用式(5.26)可得

$$\frac{|x_i(k+1)-\xi_{ij}(k)|}{g(k)}\leqslant K_{ij}(k+1)+\frac{1}{2} \tag{5.45}$$

这就意味着

$$\max_{ji}|\beta_{ij}(k)|\leqslant\frac{1}{2} \tag{5.46}$$

对所有 $(i,j)\in E(k+1)$ 成立。即 $k+1$ 时刻所有有向数字通道的一致量化器 $q_{k+1}^{ij}(\cdot)$ 都没有饱和。从而结合式(5.39)、式(5.42)和式(5.46)并由归纳假设可知

$$\sup_{k\geqslant 0}\max_{ji}|\beta_{ij}(k)|\leqslant\frac{1}{2} \tag{5.47}$$

即任意时刻所有有向数字通道的一致量化器 $q_k^{ij}(\cdot)$ 都没有饱和。

最后，再次利用条件 $\mu < \frac{1}{(1-\eta)^{\frac{1}{NB-1}}}$，即 $[(1-\eta)^{\frac{1}{NB-1}}\mu]^{k-1} < 1$，可得

$$\frac{\alpha(1-\eta)^{\frac{k-1}{NB-1}}\frac{1}{1-\eta}D(1)}{g(k)} \leqslant \frac{\alpha(1-\eta)^{\frac{k-1}{NB-1}}D(1)}{g(0)(1-\eta)}\prod_{j=1}^{k}\frac{g(j-1)}{g(j)}$$
$$\leqslant \frac{\alpha(1-\eta)^{\frac{k-1}{NB-1}}D(1)}{g(0)(1-\eta)}\mu^k \to 0(k\to\infty) \quad (5.48)$$

并由式(5.35)可得式(5.38)。若当 $k\to\infty$ 时 $g(k)\to 0$，则有式(5.29)成立，即所有个体状态最终趋于一致。结合引理 5.2 可知，此时闭环系统是输入到输出稳定的。定理证毕。

注解 5.10　式(5.28)揭示了闭环系统式(5.13)的静态误差和动态比例函数 $g(k)$ 之间的关系，即当 $\lim\limits_{k\to\infty} g(k)=0$ 时静态误差为零，$\limsup\limits_{k\to\infty}|x_j(k)-x_i(k)|=0$。因此，闭环系统式(5.13)满足 $\sup|x_j(k)-x_i(k)|=O(g(k))$。这就意味着，可以通过选取合适的动态比例函数 $g(k)$ 使得闭环系统式(5.13)渐近地达到一致性。例如，可以选取动态比例函数 $g(k)=g_0\gamma^k$，其中 $g_0>0$ 是已知常数，$\gamma\in(0,1)$。此时 $\mu=\frac{1}{\gamma}$，从而闭环系统式(5.13)将按指数收敛速率 γ 达到一致性。

注解 5.11　网络中的个体均可以获取自身的真实状态信息，因此，或许有学者会建议采用下面的量化一致性算法来取代算法式(5.8)，即

$$u_i(k)=\alpha\sum_{j\in N_i(k)} w_{ij}(k)(\hat{x}_{ji}(k)-x_i(k)) \quad (5.49)$$

也就是利用个体 i 的真实状态 $x_i(k)$ 取代算法式(5.8)中个体 i 的量化状态 $\hat{x}_{ii}(k)$。接下来，我们将指出算法式(5.49)具有的明显不足。

把式(5.49)代入式(5.1)，并利用 $e_{ji}(k)$ 的定义可得关于个体 i 的闭环系统

$$\begin{aligned}
x_i(k+1) &= x_i(k)+\alpha\sum_{j\in N_i(k)} w_{ij}(k)(\hat{x}_{ji}(k)-x_i(k)) \\
&= x_i(k)+\alpha\sum_{j\in N_i(k)} w_{ij}(k)[\hat{x}_{ji}(k)-x_j(k)+x_j(k)-x_i(k)] \\
&= x_i(k)+\alpha\sum_{j\in N_i(k)} w_{ij}(k)(x_j(k)-x_i(k))-\alpha\sum_{j\in N_i(k)} w_{ij}(k)e_{ji}(k) \\
&= (1-\alpha)x_i(k)+\alpha\sum_{j=1}^{N} w_{ij}(k)x_j(k)-\alpha\sum_{j\in N_i(k)} w_{ij}(k)e_{ji}(k), \\
&\quad k=0,1,2,\cdots
\end{aligned} \quad (5.50)$$

式(5.50)的最后一个等式再次利用了 $w_{ii}(k)=1-\sum_{j\in N_i(k)} w_{ij}(k)>0(i\in \mho)$。进而记 $\tilde{e}_i(k)=\alpha\sum_{j\in N_i(k)} w_{ij}(k)e_{ji}(k)$，$\tilde{\boldsymbol{e}}(k)=(\tilde{e}_1(k),\tilde{e}_2(k),\cdots,\tilde{e}_N(k))^{\mathrm{T}}$，则式(5.50)可写成如下的紧凑形式：

$$\begin{aligned}\boldsymbol{x}(k+1)&=((1-\alpha)\boldsymbol{I}+\alpha\boldsymbol{W}(k))\boldsymbol{x}(k)-\tilde{\boldsymbol{e}}(k)\\&=\boldsymbol{P}(k)\boldsymbol{x}(k)-\tilde{\boldsymbol{e}}(k),\quad k=0,1,2,\cdots\end{aligned}\tag{5.51}$$

闭环系统式(5.51)的最终一致性值一般不会落在所有个体状态初始值的凸包内，甚至更糟糕的是[138]：如果 $\tilde{\boldsymbol{e}}(k)$是一个白噪声序列，则闭环系统式(5.51)最终会发散。针对网络拓扑是无向的情形，类似式(5.49)的量化一致性算法同样在文献[91,100,138]中得到讨论。因此，在本章中我们选用算法式(5.8)而弃用算法式(5.49)。

在实际应用中，由于网络的不可靠通信，如节点间边的连边失效、边的重连、通信数据的丢包等，以及不同的个体具有不同的感知范围，都可以造成网络拓扑的经常性变化，并且网络拓扑一般是有向的。对有向切换网络来说，有向边(i,j)在第 k 时刻的连边失效意味着 $w_{ji}(k)=0$，否则 $w_{ji}(k)>0$。关于无向切换网络的量化一致性问题，文献[92]已经作了较为系统的研究。但正如我们在本章引言中介绍的那样，只有文献[92]提出的量化一致性算法具有信息回复或重发机制，才能确保提出的量化一致性算法对于不可靠通信具有很好的鲁棒性。接下来，我们将在更一般、更符合实际通信限制条件的情况下，讨论不可靠通信对有向切换网络一致性的影响。

针对任意个体 $j\in \mho$和 $i\in N_j$ 及有向边(i,j)，我们令首次使得 $w_{ji}(k)>0$ 的时刻 k 为 $t_{ij}(1)$，并定义

$$t_j(t)=\min\{k:k>t_{ji}(t-1),w_{ji}(k-1)=0,w_{ji}(k)>0\},\quad t=2,3,\cdots$$

$$s_{ij}(t)=\min\{k:k>t_{ij}(t),w_{ji}(k-1)>0,w_{ji}(k)=0\},\quad s_{ij}(0)=0,\quad t=1,2,3,\cdots$$

式中，$s_{ij}(t)$表示有向边(i,j)的第 t 次连边失效，而 $t_{ij}(t)$表示有向边(i,j)的第 t 次连边成功，因此 $t_{ij}(t+1)-s_{ij}(t)$表示有向边(i,j)的第 t 次连边失效的时间间隔。对于 $s_{ij}(t)$和 $t_{ij}(t)$，我们有如下假设[92,184]。

假设 5.4(有界连边失效间隔) 存在一个正整数 T，使得对任意个体 $j\in \mho$ 和 $i\in N_j$，$\sup_{t\geqslant 0}|t_{ij}(t+1)-s_{ij}(t)|\leqslant T$ 成立。

假设 5.4 意味着有向切换网络的所有连边的失效间隔是有界的，同时由假设 5.2 可知 $T+1=B$。下面我们将进一步证明：只要有向切换网络的所有连边

的失效间隔是有界的，那么通过选择合适的动态比例函数 $g(k)$ 和控制增益 α，可以使得网络中的每个个体在每一时刻，非互惠地向其任意一个邻居个体发送 3 比特量化信息，同时向其自身发送 1 比特量化信息，就足以保证闭环系统式(5.13)指数地达到一致性。

定理 5.2　假定假设 5.1～假设 5.4 成立。对任意个体 $j\in\mathcal{V}$ 和 $i\in N_j\cup\{j\}$ 及正整数 $K\geqslant 1$，如果存在适当 $\mu\in\left(1,\dfrac{1}{(1-\eta)^{\frac{1}{NB-1}}}\right)$，使得

$$K_{\alpha,\mu}+\frac{\mu(2\alpha+1)}{2}\leqslant K+\frac{1}{2} \tag{5.52}$$

$$\mu K+(K_{\alpha,\mu}+\mu\alpha)+\frac{\mu-1}{\mu-1}+\frac{\mu-1}{2}\leqslant K+1 \tag{5.53}$$

以及任意动态比例函数 $g(k)$ 满足

$$g(0)\geqslant\frac{C_x}{K+\dfrac{1}{2}} \tag{5.54}$$

$$g(1)\geqslant\max\left\{\frac{2\alpha C_\delta+(2\alpha+1)g(0)}{2K+1},\frac{2\alpha C_\delta+(2K+2\alpha+1)g(0)}{2K+3}\right\} \tag{5.55}$$

量化参数 $K_{ij}(k)$ 满足

$$K_{ij}(1)=K \tag{5.56}$$

$$K_{ij}(k+1)=\begin{cases}K, & w_{ji}(k)>0\\ K+1, & w_{ji}(k)=0\end{cases} \tag{5.57}$$

那么在量化一致性算法式(5.8)作用下，闭环系统式(5.13)将渐近地趋于一致性，即

$$\lim_{k\to\infty}|x_j(k)-x_i(k)|=0$$

证明　由式(5.28)可知，$\lim\limits_{\alpha\to 0}\left(K_{\alpha,1}+\dfrac{2\alpha+1}{2}\right)=0$ 和 $\lim\limits_{\alpha\to 0}(K_{\alpha,1}+\alpha)=0$ 成立，这意味着减小 α 将会降低每个有向数字通道需用的量化信息比特数目。注意到本章已经假定 $\alpha\in(0,1]$，因此对任意 $K\geqslant 1$，必然存在一个适当的 $\alpha^*\in(0,1]$，使得

$$K_{\alpha^*,1}+\frac{2\alpha^*+1}{2}\leqslant K+\frac{1}{2} \tag{5.58}$$

和

$$K+(K_{\alpha^*,1}+\alpha^*)T\leqslant K+1 \tag{5.59}$$

同时注意到

$$\lim_{\mu\to 1}\left(K_{\alpha^*,\mu}+\frac{\mu(2\alpha^*+1)}{2}\right)=K_{\alpha^*,1}+\frac{2\alpha^*+1}{2} \tag{5.60}$$

以及

$$\begin{aligned}&\lim_{\mu\to 1}\left(\mu K+(K_{\alpha^*,\mu}+\mu\alpha^*)+\frac{\mu-1}{\mu-1}+\frac{\mu-1}{2}\right)\\&=K+(K_{\alpha^*,1}+\alpha^*)T\end{aligned} \tag{5.61}$$

因而综合式(5.58)和式(5.59)可知：必然存在适当的 $\mu\in\left[1,\frac{1}{(1-\eta)^{\frac{1}{NB-1}}}\right)$ 使得式(5.52)和式(5.53)成立。此时的动态比例函数 $g(k)$ 可取为 $g(k)=g_0\gamma^k,\gamma=\frac{1}{\mu}\in(0,1)$。

下面的证明完全类似于定理5.1的证明。由式(5.54)和式(5.56)可知式(5.24)成立。类似地，由式(5.56)、式(5.57)和式(5.58)可知式(5.25)成立。现在假定$\max\limits_{ji}|\beta_{ij}(t)|\leqslant\frac{1}{2}$对所有的 $t=1,2,\cdots,k-1(k=2,3,\cdots)$成立，即 $\sup\limits_{0\leqslant t\leqslant k-1}\max\limits_{ji}|\beta_{ij}(t)|\leqslant\frac{1}{2}$成立，接下来我们将证明$\max\limits_{ji}|\beta_{ij}(k)|\leqslant\frac{1}{2}$，即第 $k+1$ 时刻网络中所有有向数字通道的一致量化器 $q_{k+1}^{ij}(\cdot)$均没有饱和。

由式(5.52)、式(5.56)、式(5.57)和假设5.4可知，对于有向边(i,j)，当 $t_{ij}(t)\leqslant k\leqslant s_{ij}(t)-1\ (t=1,2,\cdots)$时，即在时刻 k，有向边(i,j)总是连通的或边权$w_{ji}(k)>0$，从而由式(5.43)可知

$$\begin{aligned}\frac{|x_i(k+1)-\xi_{ij}(k)|}{g(k)}&\leqslant K_{\alpha,\mu}+\frac{\mu(2\alpha+1)}{2}\\&\leqslant K+\frac{1}{2}\\&\leqslant K_{ij}(k+1)+\frac{1}{2}\end{aligned} \tag{5.62}$$

成立。如果 $s_{ij}(t)\leqslant k\leqslant t_{ij}(t+1)-1$，即在时刻 k 有向边(i,j)总是断开的或边权 $w_{ji}(k)=0$，那么由式(5.44)和式(5.53)可知

$$\begin{aligned}&\frac{|x_i(k+1)-\xi_{ij}(k)|}{g(k)}\\&\leqslant\frac{|x_i(k)-\xi_{ij}(k-1)|}{g(k-1)}\mu+K_{\alpha,\mu}+\alpha\mu\end{aligned}$$

$$
\begin{aligned}
&\leqslant \mu^{k+1-s_{ij}(t)} \frac{|x_i(s_{ij}(t))-\xi_{ij}(s_{ij}(t)-1)|}{g(s_{ij}(t)-1)}+(K_{\alpha,\mu}+\alpha\mu)\sum_{j=s_{ij}(t)}^{k}\mu^{k-j} \\
&\leqslant \mu^{\mathrm{T}}K+(K_{\alpha,\mu}+\mu\alpha)+\frac{\mu^{\mathrm{T}}-1}{\mu-1}-\frac{1}{2}+\frac{1}{2} \\
&\leqslant K+1+\frac{1}{2}\leqslant K_{ij}(k+1)+\frac{1}{2}
\end{aligned}
\tag{5.63}
$$

成立。式(5.63)和式(5.62)意味着$\max\limits_{ji}|\beta_{ij}(k)|\leqslant\frac{1}{2}$，也就是第 $k+1$ 时刻所有有向数字通道的一致量化器 $q_{k+1}^{ij}(\cdot)$均没有饱和。

最后，类似于定理 5.1 的后半部分证明，可知多个体系统式(5.1)在量化一致性算法式(5.8)的作用下指数地收敛到一致性。定理证毕。

注解 5.12　在定理 5.2 中，因为仅限定 $K\geqslant1$，所以 K 可取到 1，这就意味着：只要有向切换网络是周期强连通的，那么无论网络规模 N 多大，我们总可以适当地设计一个依赖有限量化信息数据率的一致性算法，使得网络中的所有个体的状态指数地达到一致性。进而我们严格证明了：周期强连通切换网络中的每个个体在每一时刻，仅需非互惠地向其任意邻居个体发送 3 比特或 5 量化水平的量化信息，同时向其自身发送 1 比特或 3 量化水平的量化信息，就足以保证有向切换网络指数地收敛到一致性。而在上一章中，有向固定网络是强连通的，我们已经证明：每个个体在每一时刻，仅需非互惠地向其任意邻居个体及其自身发送 1 比特或 2 量化水平的量化信息，就足以确保整个有向网络指数地收敛到加权平均一致性。两者相比较可知，在本章中当有向网络切换时，每个个体需要额外地向其每个邻居个体发送 2 比特或 3 量化水平的量化信息，用以抵消由网络的不可靠通信带来的负面影响，这也反映了网络的动态特性对量化一致性的影响。

注解 5.13　在定理 5.1 和定理 5.2 中的推导过程中，因为使用了不等式放大技术，得到的参数 $\gamma\in((1-\eta)^{\frac{1}{NB-1}},1)$（其中 $\eta=\rho^{\frac{1}{2}N(N+1)B-1}$）非常保守，所以算法收敛速度具有较强的保守性，而实际网络达到一致性的收敛速度可能更快。但定理 5.2 意味着量化参数 $K_{ij}(k)$的选取并不依赖于参数 γ，这两个参数可以各自独立地选取。

注解 5.14　当个体间基于状态的精确信息通信时，Moreau 明确指出[54]，正是因为随机邻接矩阵具有非零元素，所以线性一致性算法才具有鲜明的凸性，从而最终的一致性值必定落在所有个体初始值的凸包 $\mathrm{Co}(\boldsymbol{X}(0))$内。这种凸性进一步地被 Lin 等用于设计基于精确信息通信的非线性一致性算法[51]。然而，由于引入非线性量化，尤其是传统的加权平均一致不变性和平均一致不变性对有向切换网络不再成立，只有引入某种纠偏机制[111]（文献[111]并没有研究具体的量化器设计问题）才能确保凸性仍然成立。但引理 5.2 和定理 5.1、定理 5.2 表明，本章并没有引入纠偏机制，此时闭环系统式(5.13)仍然是输入到输出稳定的，且仿真结果表明最终的一致性值仍位于所有个体初始值的凸包 $\mathrm{Co}(\boldsymbol{X}(0))$ 内，即便最终的一致性值难以确定。目前文献中的量化一致性算法的最终一致性值一般是所有个体初始值的(加权)平均。因此，和已有相关结论相比，这一结论是本章提出的量化一致性算法迥异于已有文献中的量化一致性算法的核心之处。

5.5 仿真分析

接下来我们对本章的理论分析进行仿真验证。我们考虑一个如图 5.2 所示的具有 4 个个体的有向切换网络 $G(k)=(\mathcal{V},E(k))$，其中个体集合为 $\mathcal{V}=\{1,2,3,4\}$，有向联合图 $E(3k)\cup E(3k+1)\cup E(3k+2)=G(a)\cup G(b)\cup G(c)$，即网络切换周期 $B=3$。网络中各个子图有向边上的数字表示相应有向边的权重 $w_{ij}(k)$。各个子图对应的随机邻接矩阵 $\boldsymbol{W}(k)$ 分别为

$$\boldsymbol{W}(3k)=\begin{pmatrix}1 & 0 & 0 & 0\\ 0 & 1 & 0 & 0\\ 0 & 0 & 1 & 0\\ 0 & 0.5 & 0 & 0.5\end{pmatrix}$$

$$\boldsymbol{W}(3k+1)=\begin{pmatrix}0.5 & 0 & 0 & 0.5\\ 0 & 1 & 0 & 0\\ 0 & 0 & 1 & 0\\ 0 & 0 & 0.6 & 0.4\end{pmatrix}$$

$$\boldsymbol{W}(3k+2)=\begin{pmatrix}1 & 0 & 0 & 0\\ 0.3 & 0.7 & 0 & 0\\ 0 & 0.4 & 0.6 & 0\\ 0 & 0 & 0 & 1\end{pmatrix}$$

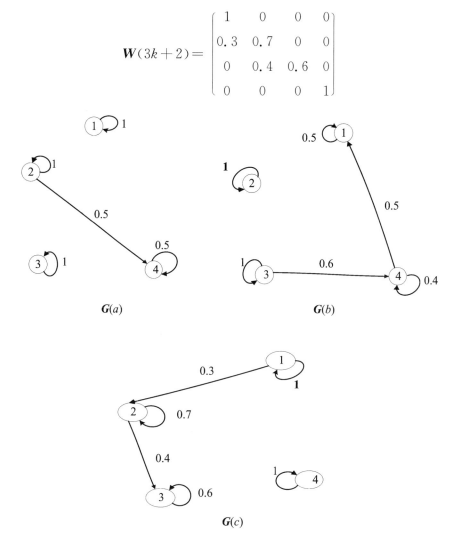

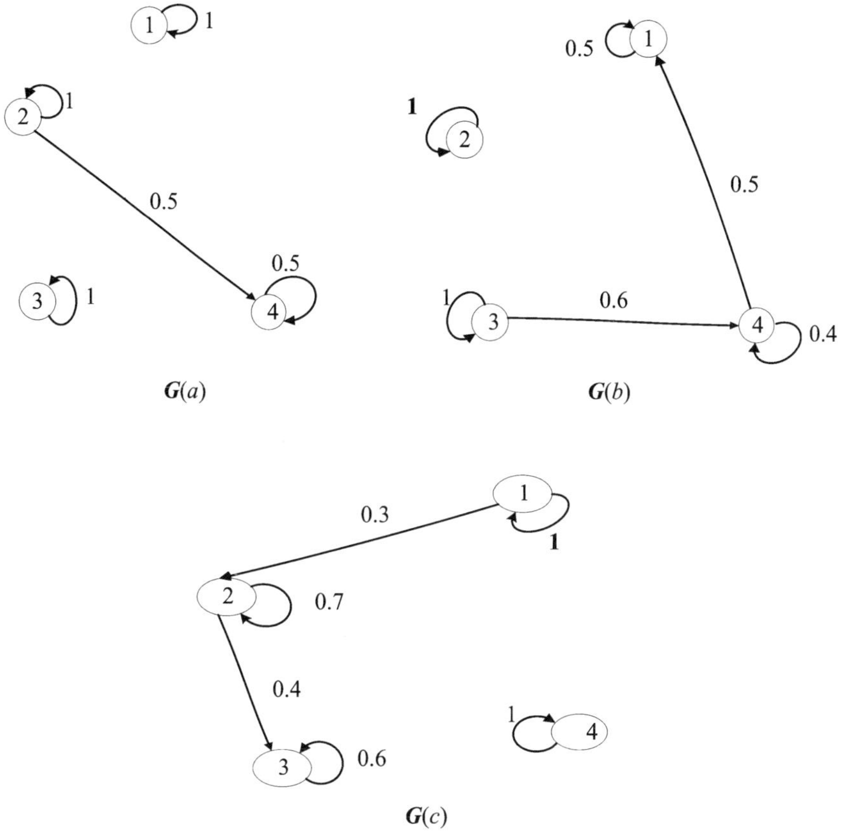

图 5.2　4 个节点的有向切换网络

根据定理 5.2，我们取 $K=1$，即 $K_{ii}(k)=1(k\geqslant 1,i\in\mho)$；当 $i\neq j$ $(i,j\in\mho)$时，设 $K_{ij}(1)=1$，若 $w_{ji}(k)>0$，则 $K_{ij}(k+1)=1$，若 $w_{ji}(k)=0$ 则 $K_{ij}(k+1)=2(k\geqslant 2)$。个体初始时刻在$[-8,8]$中随机生成，$g_0=10$。由注解 5.13 知，条件 $\gamma\in((1-\eta)^{\frac{1}{NB-1}},1)$保守性较强，因此在实际仿真中该条件可适当放宽。图 5.3 和图 5.4 分别为当 $\alpha=0.05,\gamma=0.99999$ 时和当 $\alpha=0.05$、$\gamma=0.99996$时 4 个个体的状态轨迹图（两图中的初始时刻均为 $\boldsymbol{x}(0)=(6.5143\quad 1.9482\quad 7.4341\quad 2.7999)^{\mathrm{T}}$）。图 5.3 和图 5.4 表明，所有个体最终达成一致，且 γ 越小网络收敛速度越快。

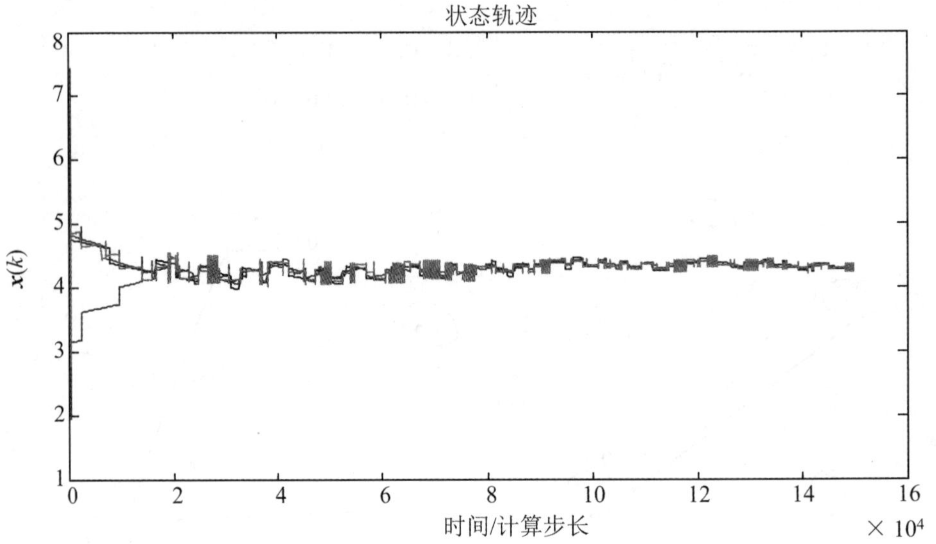

图 5.3　$\alpha=0.05$ 和 $\gamma=0.99999$ 时个体的状态轨迹

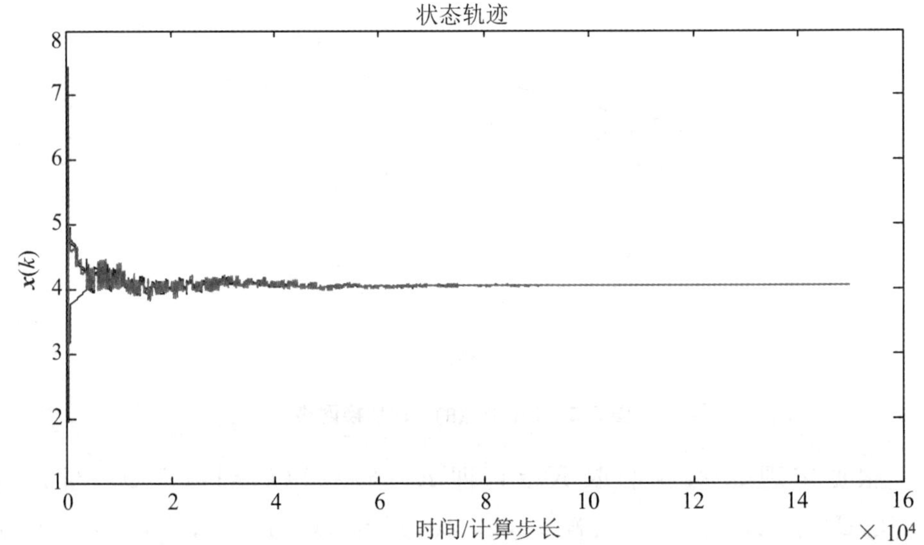

图 5.4　$\alpha=0.05$ 和 $\gamma=0.99996$ 时个体的状态轨迹

图 5.5 表示的是有向边(1,2)对应的自适应一致量化器的量化比特数目 $K_{12}(k)$ 在 80 步内的变化曲线。图 5.5 表明，针对切换网络有向边 (j,i) $(i\neq j(i,j\in\mathcal{V}))$ 设计的一致量化器的量化比特数目 $K_{ij}(k)$，会随着有向边 (j,i) 在前一时刻的状态而作自适应地调整。

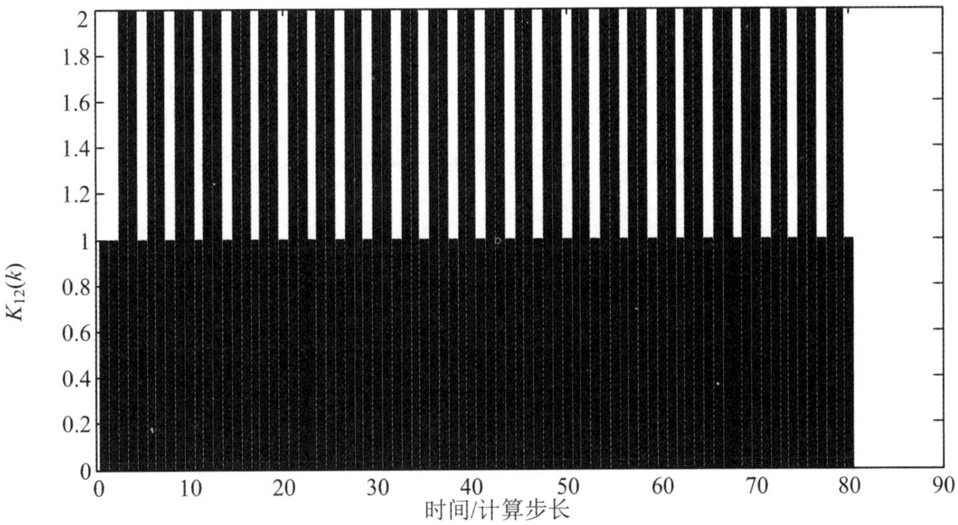

图 5.5　$K_{12}(k)$的轨迹图

为了进一步比较量化一致性算法式(5.8)和算法式(5.49)，我们选取 $g_0=10$、$\alpha=0.05$ 和 $\gamma=0.99996$，即 $g(k)=10\ (0.99996)^k$。并令 $K_{ii}(k)=1$ $(k\geqslant 1, i\in \mho)$；当 $i\neq j\ (i,j\in \mho)$时，设 $K_{ij}(1)=1$，若 $w_{ji}(k)>0$，则 $K_{ij}(k+1)=1$，若 $w_{ji}(k)=0$，则 $K_{ij}(k+1)=2$。我们将这两种算法共运行了 1000 次，两种算法每次分别运行 80000 步，且每次两种算法的初始值 $x_i(0)\ (i\in \mho)$均从$[-8,8]$中随机生成。若在一次运行结束后，算法的一致性值 $x_f \triangleq \sum_{i=1}^{4} x_i(80000)$ 满足 $\min\limits_{1\leqslant i\leqslant 4} x_i(0)\leqslant x_f\leqslant \max\limits_{1\leqslant i\leqslant 4} x_i(0)$，则我们称这一次该算法的一致性值 x_f 落在所有个体状态初始值的凸包内，输出值是 1，反之输出值为 0。图 5.6 所示为这两种算法分别运行 1000 次时的输出值情况。图 5.6 表明，本章提出的量化一致性算法式(5.8)能确保所有个体指数地达成一致，并且最终的一致性值 x_f 仍落在所有个体状态初始值的凸包内。因此，应该弃用量化一致性算法式(5.49)而选用量化一致性算法式(5.8)。

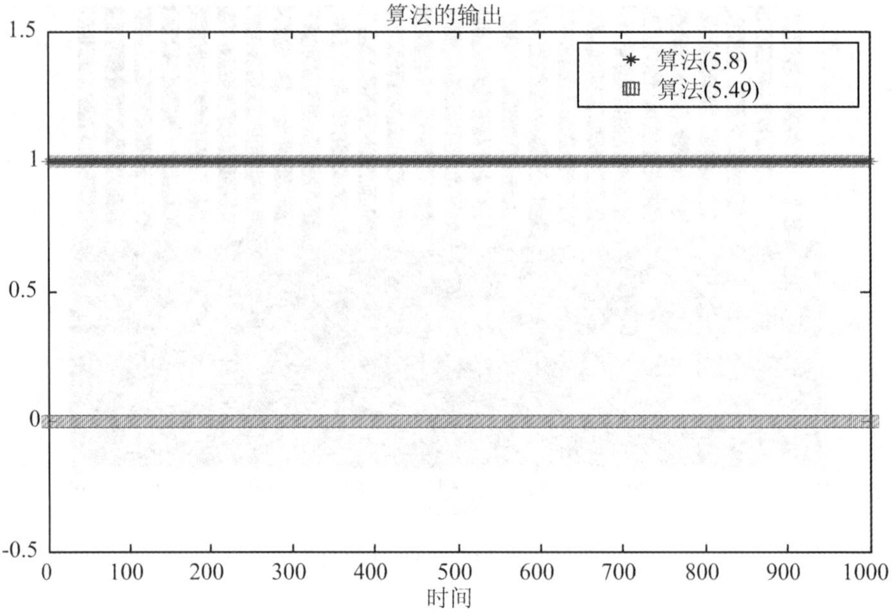

图 5.6　算法式(5.8)与算法式(5.49)的比较

5.6 本章小结

本章重点研究了有向切换网络多个体系统的量化一致性问题。不同于固定拓扑网络,基于边的自适应量化通信策略,我们对切换网络的不同有向数字通道设计了不同的有限水平动态一致量化器,并且每条数字通道当前时刻量化器的参数随着该边在上一时刻是否连通作出自适应的调整。在有向切换网络周期强连通,且任意时刻有向网络对应的随机邻接矩阵具有正对角元的条件下,利用输入到输出稳定性理论证明:如果切换网络具有有界的连边失效间隔,则每个个体在每一时刻,仅需非互惠地向其任意邻居个体发送 3 比特量化信息,同时向其自身发送 1 比特量化信息,就足以保证有向切换网络的多个体系统是输入到输出稳定的并实现一致性。本章提出的量化一致性算法充分体现了切换网络的动态特性,并具有节约通信开销和对连边失效鲁棒性强的优点,更适用于数字通信网络。

需要明确的是，本章和文献[92]基于边的自适应动态一致量化策略是指每条有向边当前时刻对应的量化器 $q_k^{ji}(\cdot)$ 的量化水平参数 $K_{ji}(k)$，将随着这条边在上一时刻是否连通作出自适应的在线改变，并非实现真正意义上的自适应实时在线调节。因为量化水平参数 $K_{ji}(k)$ 的调整依赖于有向边在上一时刻是否连通，即依赖于网络在上一时刻的拓扑结构，而不是依赖于网络在当前时刻的拓扑结构，所以无法对切换网络的未来拓扑结构进行有效的在线预测。但理论分析和仿真结果表明，这种简单的在线改变参数策略，不仅充分体现了切换网络的动态特性，且和已有无向切换网络量化一致性的相关研究结果相比，本章提出的量化一致性算法还不需要额外消耗用于信息回复、重发等的通信开销，并可以降低网络达到一致性所需的信息量，同时在不可靠通信下极大地增强了系统的鲁棒性。

在后续研究中，我们将研究如何对量化水平参数 $K_{ji}(k)$ 设计合适的自适应控制律，对其实现实时的自适应在线调节。此外，如何弱化任意时刻有向网络对应的随机邻接矩阵具有正对角元这一条件，并寻求其他的稳定性分析方法降低定理 5.1 和定理 5.2 的保守性，进而考虑有向切换网络在一定周期内仅具有一个有向生成树或存在通信时延的量化一致性问题，并将其推广到一般有向切换网络离散时间二阶多个体系统和高阶线性系统情形，都是极具挑战性的研究课题。另外，如何将本章的稳定性分析方法与文献[169]提出的量化策略进行结合（文献[169]假定网络中所有边按照相同的概率连通或断开），也是一个值得研究的问题。

第 6 章　具有测量噪声干扰的有向网络多个体系统鲁棒一致性研究

6.1　引　　言

在前三章中均假定编码器与解码器的初始条件一样，这样信息发送个体经由编码器编码后发出的信息与其邻居个体利用解码器解码得到的信息完全一样。如果这一假设条件不再满足,那么就会产生量化失配情况[182,183]。一种处理方式是把由此造成的量化误差视为测量噪声。因此,如何使得设计的一致性算法能够有效抑制测量噪声的鲁棒一致性问题成为研究热点之一。而已有的研究成果表明[158-166],带有时变控制增益的随机逼近一致性算法是抑制多个体系统中测量噪声的一种有效方法,并已取得一定的进展。但从本书绪论可知,已有这方面的研究成果基本都是针对有向平衡图情形,或者假定系统的迭代矩阵是双随机的，这样才能保证存在一个公共的二次李雅普诺夫函数，可用来分析闭环系统的收敛性。为了弱化对网络拓扑结构的严格限定，Huang 等[159]最近基于矩阵变换和摄动李雅普诺夫稳定性理论，证明了只要固定或切换拓扑的有向网络具有一个有向生成树，则在提出的随机逼近一致性算法作用下，系统会达到均方与概率意义下的一致。在一般的随机切换有向网络具有通信时延和噪声干扰的情况下，Huang[165] 利用系统扩维技术并借助随机矩阵遍历性反推乘积的有关结论，得到多个体系统在均方与概率意义下达到一致的充分必要条件是有向网络存在一个有向生成树。但关于有向非平衡强连通网络方面的研究，仍然知之甚少，这成为了本章的研究目标。虽然本章和文献[160，161] 的研究结果都突破了已有相关研究均要求有向网络拓扑必须是平衡的这一关键性假定，但文献[160，165]分别利用矩阵变换结合摄动李雅普诺夫稳定性理论，以及随机矩阵遍历性反推乘积的相关结论来研究闭环系统的一致性收敛。本章则和第 4 章类似，通过构造一个广义二次李雅普诺夫函数来讨论闭环系统的一致性收敛。有向网络仅具有一个有向生成树的要求显然比有向网络是强连通的要求更弱。

6.2 问题描述

设一个由 N 个个体组成的网络化多个体系统，其中 $\mho=\{i\mid i=1,2,\cdots,N\}$表示个体集合。个体 i 的动力学方程为

$$x_i(k+1)=x_i(k)+u_i(k),\quad k=0,1,2,\cdots,\quad i\in\mho \tag{6.1}$$

式中，$x_i(k)$表示个体 $i(i\in\mho)$在 k 时刻的状态，$u_i(k)$是待设计的关于个体 i 的控制输入。

本章同样考虑网络拓扑是固定有向的情形，个体间的信息交换拓扑可以用一个有向图 $G=(\mho,E)$来表示，相关网络拓扑定义见第 2 章或第 3 章对应部分。由于个体间的信息交换受到测量噪声的干扰，当 $w_{ij}>0$ 时(这里 w_{ij} 是与有向网络 $G=(\mho,E)$相对应的随机邻接矩阵 $\mathbf{W}\in\mathbf{R}^{N\times N}$中$(i,j)$位置的元素)，即个体 j 向个体 i 发送信息。个体 i 接收到的并非个体 j 的真实状态信息，而

是其噪声状态信息 $y_{ji}(k)=x_j(k)+\xi_{ji}(k)$，其中 $\xi_{ji}(k)$表示有向通道(j,i)的测量噪声，如图 6.1 所示。

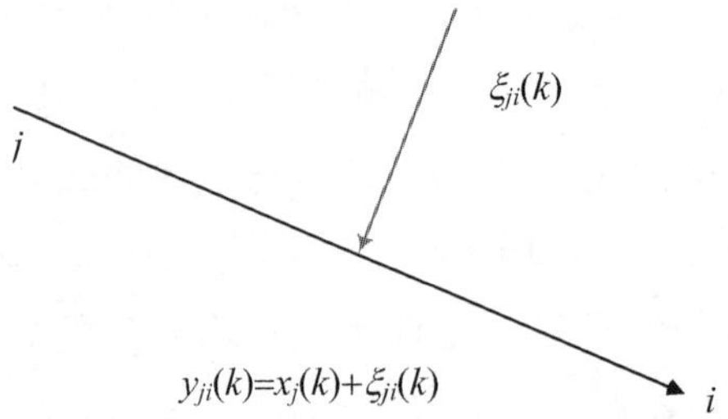

图 6.1　具有测量噪声干扰的信息通信

因此，本章要研究的问题是：针对受到测量噪声干扰的多个体系统式(6.1)，如何设计一个有效的一致性算法，使得网络中所有个体状态依如下定义的均方一致性收敛。

定义 6.1[158]　若存在一个随机变量 x^*，使得对任意 $i\in \mathcal{V}$和任意初始状态 $x_i(0)$，$\lim\limits_{k\to\infty} q\,|x_i(k)-x^*|^2=0$ 成立，并且对任意 $k\geqslant 0$ 有 $\mathscr{E}\,\|\boldsymbol{x}(k)\|^2<\infty$。这里的向量 $\boldsymbol{x}(k)=(x_1(k),\cdots,x_N(k))^{\mathrm{T}}$。

6.3　鲁棒一致性算法

6.3.1　随机逼近一致性算法设计

在个体间的信息通信受到测量噪声干扰的情形下，我们设计如下的随机逼近一致性算法，即对个体 i 设计控制输入 $u_i(k)$

$$u_i(k)=\alpha(k)\sum_{j\in N_i}^{N}w_{ij}\,(y_{ji}(k)-x_i(k))\tag{6.2}$$

式中，$a(k)\in(0,1](k=0,1,\cdots)$是时变控制增益，主要用来抑制测量噪声。

为便于后面分析，现对测量噪声、邻接矩阵和时变控制增益作如下假定。

假设 6.1(噪声特性)　通道中的测量噪声是零均值的，且具有有界方差，即对任意 $i,j\in\mho$ 和 $k>0$，有 $\mathscr{E}[\xi_{ji}(k)]=0$ 和 $\mathscr{E}[\xi_{ji}^2(k)]\leqslant\sigma^2$。同时，不同通道的噪声是互不相关的，即对任意 $i,j,l,\kappa\in\mho$ 和 $k\neq t$，$\mathscr{E}[\xi_{ji}(k)\xi_{l\kappa}(t)]=0$ 成立。

假设 6.2(权规则)　有向图 G 是强连通的。其对应的邻接矩阵 $\boldsymbol{W}$ 是一个随机矩阵，并且具有正的对角元素，即存在一个已知正常数 $\rho>0$ 对任意 $i\in\mho$ 有 $w_{ii}=1-\sum_{j\in N_i}w_{ij}>\rho$；同时，对任意 $i,j\in\mho$ 且 $i\neq j$，边权 $w_{ij}\in\{0\}\cup[\rho,1]$。

假设 6.3(随机逼近条件)　为了使网络通信过程中的测量噪声能够得到有效遏制，时变控制增益序列 $\{\alpha(k)\}$ 满足以下的随机逼近条件[142]：

$$\sum_{k=0}^{\infty}\alpha(k)=\infty \text{ 和 } \sum_{k=0}^{\infty}\alpha^2(k)<\infty$$

显然，当 $\gamma\in\left(\frac{1}{2},1\right]$ 和 $0<b_1\leqslant b_2<\infty$ 时，序列 $\{\alpha(k),k\geqslant 0\}$：$\alpha(0)>0$，$b_1k^{-\gamma}\leqslant\alpha(k)\leqslant b_2k^{-\gamma}$，$k\geqslant 1$ 满足假设 6.3 的条件。

由假设 6.2 可知，$w_{ii}=1-\sum_{j\in N_i}w_{ij}>0,i\in\mho$，结合式(6.1)和式(6.2)，可得到关于个体 i 的闭环系统动力学方程

$$\begin{aligned}
x_i(k+1)&=x_i(k)+\alpha(k)\sum_{j\in N_i}w_{ij}(x_j(k)-x_i(k)+\xi_{ji}(k))\\
&=x_i(k)+\alpha(k)\sum_{j\in N_i}w_{ij}x_j(k)-\alpha(k)\sum_{j\in N_i}w_{ij}x_i(k)+\alpha(k)\sum_{j\in N_i}w_{ij}\xi_{ji}(k)\\
&=x_i(k)+\alpha(k)\sum_{j\in N_i}w_{ij}x_j(k)-\alpha(k)(1-w_{ii})x_i(k)+\alpha(k)\xi_i(k)\\
&=(1-\alpha(k))x_i(k)+\alpha(k)\sum_{j=1}^{N}w_{ij}x_j(k)+\alpha(k)\xi_i(k),\\
&\quad k=0,1,2,\cdots,\quad i=1,2,\cdots,N
\end{aligned}\tag{6.3}$$

式中，$\xi_i(k)=\sum_{j\in N_i}w_{ij}\xi_{ji}(k)$ 表示个体 i 接收到其所有邻居个体的累计测量噪声。同时，由上式可得紧凑形式的闭环系统

$$\begin{aligned}
\boldsymbol{x}(k+1)&=[(1-\alpha(k))\boldsymbol{I}+\alpha(k)\boldsymbol{W}]\boldsymbol{x}(k)+\alpha(k)\boldsymbol{\xi}(k)\\
&=\boldsymbol{P}(k)\boldsymbol{x}(k)+\alpha(k)\boldsymbol{\xi}(k),\quad k=0,1,2,\cdots
\end{aligned}\tag{6.4}$$

式中，$\boldsymbol{\xi}(k)=(\xi_1(k),\cdots,\zeta_N(k))^{\mathrm{T}}$。矩阵 $\boldsymbol{P}(k)\triangleq(1-\alpha(k))\boldsymbol{I}+\alpha\boldsymbol{W}=(p_{ij}(k))_{N\times N}$ 称为迭代矩阵。

定义状态转移矩阵

$$\boldsymbol{\Phi}(k,s)=\begin{cases}\prod_{t=s}^{k}\boldsymbol{P}(t), & k\geqslant s\\ I, & s>k\end{cases}$$

因此,闭环系统式(6.4)可进一步记为

$$\boldsymbol{x}(k+1)=\boldsymbol{\Phi}(k,s)\boldsymbol{x}(s)+\sum_{t=s}^{k}\alpha(t)\boldsymbol{\Phi}(k,t+1)\boldsymbol{\xi}(t),\quad k=0,1,2,\cdots \tag{6.5}$$

由 Perron-Frobenius 定理[121]可知,当随机邻接矩阵 $\boldsymbol{W}$ 具有正的主对角元素,并且其对应的有向图 G 强连通时,则 1 是 $\boldsymbol{W}$ 的最大特征值,且其代数重数为 1。同时,对应特征值 1 存在唯一一个归一化的正的左特征向量 $\boldsymbol{\pi}=(\pi_1,\cdots,\pi_N)^{\mathrm{T}}(\pi_i>0,i=1,2\cdots,N)$,满足

$$\boldsymbol{\pi}^{\mathrm{T}}\boldsymbol{W}=\boldsymbol{\pi}^{\mathrm{T}},\quad \boldsymbol{\pi}^{\mathrm{T}}\boldsymbol{1}=\sum_{i=1}^{N}\pi_i=1 \tag{6.6}$$

和

$$\lim_{k\to\infty}\boldsymbol{W}^k=\boldsymbol{1}\boldsymbol{\pi}^{\mathrm{T}} \tag{6.7}$$

注解 6.1 因为单位矩阵 $\boldsymbol{I}$ 和 $\boldsymbol{W}$ 均为随机矩阵,所以它们的凸组合 $\boldsymbol{P}(k)$ 也是一个随机矩阵,并且 $\boldsymbol{W}$ 和 $\boldsymbol{P}(k)$ 对应着相同的有向图 G,只是对应的有向边具有不同的边权。另外,对任意 $w_{ij}>0$,有 $1\geqslant p_{ij}(k)=(1-\alpha(k))+\alpha(k)w_{ij}\geqslant\alpha(k)w_{ij}\geqslant\rho\alpha(k)$,并且 $1\geqslant(1-\alpha(k))+\alpha(k)w_{ii}=p_{ii}(k)\geqslant\alpha(k)w_{ii}\geqslant\rho\alpha(k)$ 成立。因此,当随机矩阵 $\boldsymbol{W}$ 满足假设 6.2 时,随机矩阵 $\boldsymbol{P}$ 也满足假设 6.2 的条件。此外,$\boldsymbol{\pi}^{\mathrm{T}}\boldsymbol{P}(k)=\boldsymbol{\pi}^{\mathrm{T}}(1-a(k))\boldsymbol{I}+a(k)\boldsymbol{\pi}^{\mathrm{T}}\boldsymbol{W}=\boldsymbol{\pi}^{\mathrm{T}}$,即所有的迭代矩阵 $\boldsymbol{P}(k)$ 有一个公共的左特征向量 $\boldsymbol{\pi}$。

注解 6.2 由假设 6.2 可知,累计噪声 $\xi_i(k)$ 满足 $\mathscr{E}[\xi_i(k)]=0$,以及对任意 $k\neq t$ 有 $\mathscr{E}[\boldsymbol{\xi}^{\mathrm{T}}(k)\boldsymbol{\xi}(t)]=0$,再根据假设 6.3 可知

$$\begin{aligned}|\mathscr{E}[\xi_i(k)\xi_j(k)]|&\leqslant\sum_{l=1,l\neq i}^{N}\sum_{\kappa=1,\kappa\neq j}^{N}w_{il}w_{j\kappa}|\mathscr{E}[\xi_{li}(k)\xi_{\kappa j}(k)]|\\&\leqslant\sigma^2\sum_{l=1,l\neq i}^{N}\sum_{\kappa=1,\kappa\neq j}^{N}w_{il}w_{j\kappa}\leqslant\sigma^2(1-w_{ii})(1-w_{jj})\\&\leqslant\sigma^2(1-\rho)^2\end{aligned}$$

注解 6.3 本章虽然假定有向网络拓扑是固定的,但因为引入了时变控制增益 $\alpha(k)$,所以闭环系统式(6.4)在本质上是一个线性随机时变差分系统。

6.3.2 相关引理

为了分析闭环系统式(6.4)的收敛性,本小节将给出一些引理。

首先,针对时变状态转移矩阵序列$\{\boldsymbol{\Phi}(k,0)\}(k\geqslant 0)$,我们给出引理 6.1,该引理是文献[34]的一个主要结论,确保了矩阵序列$\{\boldsymbol{\Phi}(k,0)\}(k\geqslant 0)$将收敛到一个确定的极限。以下我们给出该引理的简单证明。

引理 6.1 假定假设 6.2 和假设 6.3 成立,则矩阵序列$\{\boldsymbol{\Phi}(k,0)\}(k\geqslant 0)$满足

$$\lim_{k\to\infty}\boldsymbol{\Phi}(k,0)=\prod_{s=0}^{k}\boldsymbol{P}(s)=\mathbf{1}\boldsymbol{\pi}^{\mathrm{T}}$$

式中,$\boldsymbol{\pi}$满足式(6.6)和式(6.7)。

证明 定义随机变量 $X(k)$

$$X(k)=\begin{cases}1, & 依概率\ \alpha(k)\\ 0, & 依概率\ 1-\alpha(k)\end{cases}$$

和相对应的随机矩阵变量

$$\boldsymbol{Z}(k)=\prod_{s=0}^{k}[(1-\boldsymbol{X}(s))\boldsymbol{I}+\boldsymbol{X}(s)\boldsymbol{W}]=\boldsymbol{W}^{\sum_{s=0}^{k}X(s)}$$

因此,随机矩阵序列$\{\boldsymbol{Z}(k)\}(k\geqslant 0)$满足$\mathscr{E}[\boldsymbol{Z}(k)]=\prod_{s=0}^{k}\boldsymbol{P}(s)$。同时,由 Borel-Cantor 引理[179]可知,若$\sum_{k=0}^{\infty}\alpha(k)=\infty$,则有

$$\mathrm{P}(\alpha(k))=1(无限多次)=\mathrm{P}\Big(\sum_{k=0}^{\infty}\alpha(k)=\infty\Big)=1$$

此外,注意到状态转移矩阵$\boldsymbol{\Phi}(k,0)$一致有界,因此由勒贝格控制收敛定理[183]可得

$$\begin{aligned}\lim_{k\to\infty}\boldsymbol{\Phi}(k,0)&=\lim_{k\to\infty}\prod_{s=0}^{k}\boldsymbol{P}(s)=\lim_{k\to\infty}\mathscr{E}[\boldsymbol{Z}(k)]=\lim_{k\to\infty}\mathscr{E}\Big[\boldsymbol{W}^{\sum_{s=0}^{k-1}X(s)}\Big]\\&=\boldsymbol{W}^{\lim_{k\to\infty}\mathscr{E}\left[\sum_{s=0}^{k-1}X(s)\right]}=\mathbf{1}\boldsymbol{\pi}^{\mathrm{T}}\end{aligned}$$

即引理结论成立。

注解 6.4 由假设 6.1 和注解 6.1 可知,闭环系统式(6.4)成立,

$\mathscr{E}[\boldsymbol{\pi}^{\mathrm{T}}\boldsymbol{x}(k+1)]=\mathscr{E}[\boldsymbol{\pi}^{\mathrm{T}}\boldsymbol{x}(k)](k=0,1,2,\cdots)$，即期望加权平均不变性成立[178]。从而结合引理 6.1 可知，一定可以构造一个合适的公共广义二次李雅普诺夫函数来分析闭环系统的一致性收敛。

现针对确定性系统 $\boldsymbol{x}(k+1)=\boldsymbol{P}(k)\boldsymbol{x}(k)$（这里的 $\boldsymbol{P}(k)$ 满足注解 6.1），构造以下的广义二次李雅普诺夫函数[178]

$$\begin{aligned}V(\boldsymbol{x}(k))&=\boldsymbol{x}^{\mathrm{T}}(k)(\boldsymbol{I}-\boldsymbol{\pi}\boldsymbol{1}^{\mathrm{T}})\boldsymbol{D}(\boldsymbol{I}-\boldsymbol{1}\boldsymbol{\pi}^{\mathrm{T}})\boldsymbol{x}(k)\\&=\boldsymbol{x}^{\mathrm{T}}(k)(\boldsymbol{D}-\boldsymbol{\pi}\boldsymbol{\pi}^{\mathrm{T}})\boldsymbol{x}(k)\\&=\sum_{i=1}^{N}\pi_i\,(x_i(k)-\boldsymbol{\pi}^{\mathrm{T}}\boldsymbol{x}(k))^2\end{aligned}\tag{6.8}$$

式中，$\boldsymbol{D}=\mathrm{diag}(\pi_1\quad\cdots\quad\pi_N)$。因为式(6.8)定义的广义二次李雅普诺夫函数类似于第 4 章引理 4.1 的证明，所以我们直接给出如下引理。

引理 6.2 假定假设 6.2 和假设 6.3 成立，则对任意的 $\boldsymbol{x}(k)\in\mathbf{R}^N$，利用关系式 $\boldsymbol{x}(k+1)=\boldsymbol{P}(k)\boldsymbol{x}(k)$，可得如下重要的关系式成立

$$\begin{aligned}V(\boldsymbol{x}(k+1))&=\boldsymbol{x}^{\mathrm{T}}(k+1)(\boldsymbol{I}-\boldsymbol{\pi}\boldsymbol{1}^{\mathrm{T}})\boldsymbol{D}(\boldsymbol{I}-\boldsymbol{1}\boldsymbol{\pi}^{\mathrm{T}})\boldsymbol{x}(k+1)\\&=\boldsymbol{x}^{\mathrm{T}}(k)\boldsymbol{P}^{\mathrm{T}}(k)(\boldsymbol{D}-\boldsymbol{\pi}\boldsymbol{\pi}^{\mathrm{T}})\boldsymbol{P}(k)\boldsymbol{x}(k)\\&\leqslant\left(1-\frac{\eta(k)}{2(N-1)}\right)V(\boldsymbol{x}(k))\end{aligned}\tag{6.9}$$

式中，$1>\eta(k)=\rho\pi_{\min}\alpha(k)>0$，这里 $\pi_{\min}=\min\limits_{i\in\mathcal{V}}\pi_i$。此外，由假设 6.3 可知，式(6.9)意味着

$$\begin{aligned}V(\boldsymbol{x}(k+1))&\leqslant\left(1-\frac{\eta(k)}{2(N-1)}\right)V(\boldsymbol{x}(k))\\&\leqslant\prod_{s=0}^{k}\left(1-\frac{\eta(s)}{2(N-1)}\right)V(\boldsymbol{x}(0))\\&\leqslant e^{-\frac{\pi_{\min}\rho}{2(N-1)}\sum\limits_{s=0}^{k}\alpha(s)}V(\boldsymbol{x}(0))\end{aligned}\tag{6.10}$$

即 $\lim\limits_{k\to\infty}V(\boldsymbol{x}(k))=0$。上式中的最后一个不等式利用了 $1-y\leqslant e^{-y}$ 对任意 $y\geqslant0$ 成立。式(6.10)意味着在没有测量噪声的情况下，所有个体的状态指数地收敛到其初始状态的加权平均值。

引理 6.3[180] 假定非负随机变量 $u(k)$，$v(k)$，$\mu(k)$ 和 $b(k)$ 使得对一切 $k\geqslant0$，

$$\mathscr{E}[v(k+1)\,|\,v(k)]\leqslant(1+\mu(k))v(k)-u(k)+b(k)$$

成立，以及 $\sum\limits_{k=0}^{\infty}\mu(k)<\infty$ 和 $\sum\limits_{k=0}^{\infty}b(k)<\infty$。如果这里的 $\mathscr{E}[v(k+1)\,|\,v(k)]$ 表示条件期望，那么如下结论成立：

$$\lim_{k\to\infty} v(k) = v^* \text{ 和} \sum_{k=0}^{\infty} u(k) < \infty$$

并且 $v^* \geqslant 0$ 是一个具有有限期望值的随机变量。

6.4　均方一致性收敛分析

基于上一节的准备知识，接下来我们将证明多个体系统式(6.1)在随机逼近一致性算法式(6.2)作用下，依定义 6.1 实现均方一致性。

定理 6.1　若假设 6.1、假设 6.2 和假设 6.3 成立，则在随机逼近一致性算法式(6.2)作用下，对任意 $i \in \mathcal{V}$

$$\lim_{k\to\infty} \mathscr{E} \left| x_i(k) - x^* \right|^2 = 0 \tag{6.11}$$

成立。其中，$\mathscr{E}(x^*) = \sum_{j=1}^{N} \pi_j \mathscr{E}[x_j(0)]$。即网络中的所有个体状态趋向一个公共的随机变量 x^*，其数学期望为所有个体初始状态的加权数学平均，并且具有有界方差。

证明　令 $\bar{x}(k) = \boldsymbol{\pi}^{\mathrm{T}} \boldsymbol{x}(k) = \sum_{j=1}^{N} \pi_j x_j(k)$，$\bar{\xi}(k) = \boldsymbol{\pi}^{\mathrm{T}} \boldsymbol{\xi}(k) = \sum_{j=1}^{N} \pi_j \xi_j(k)$，利用 $\boldsymbol{\pi}^{\mathrm{T}} \boldsymbol{P}(k) = \boldsymbol{\pi}^{\mathrm{T}}$，则由式(6.4)可得

$$\bar{x}(k+1) = \bar{x}(k) + \alpha(k) \bar{\xi}(k), \quad k = 0,1,2,\cdots \tag{6.12}$$

再利用假设 6.1 并对上式两边取期望运算得

$$\mathscr{E}[\bar{x}(k+1)] = \mathscr{E}[\bar{x}(k) + \bar{\xi}(k)] = \mathscr{E}[\bar{x}(k)], \quad k = 0,1,2,\cdots \tag{6.13}$$

即网络保持期望加权状态平均不变性不变。从而利用引理 6.1 可得

$$\begin{aligned}
\lim_{k\to\infty} \mathscr{E}[\boldsymbol{x}(k+1)] &= \lim_{k\to\infty} (\boldsymbol{P}(k) \mathscr{E}[\boldsymbol{x}(k)]) \\
&= \lim_{k\to\infty} (\boldsymbol{\Phi}(k,0) \mathscr{E}[\boldsymbol{x}(0)]) \\
&= \left(\sum_{j=1}^{N} \pi_j \mathscr{E}[x_j(0)] \right) \mathbf{1}
\end{aligned} \tag{6.14}$$

进而由式(6.13)可知

$$\lim_{k\to\infty} \mathscr{E}[\bar{x}(k+1)] = \sum_{j=1}^{N} \pi_j \mathscr{E}[x_j(0)]$$

$$= \mathscr{E}[\lim_{k\to\infty} x_i(k+1)]$$

$$= \lim_{k\to\infty} \mathscr{E}[x_i(k+1)], \quad i = 1,\cdots,N \tag{6.15}$$

上式中的第一个和第二个等式利用了网络的期望加权状态平均不变性这一性质,利用勒贝格控制收敛定理[179]可得第三个等式。由引理 6.1 和式(6.13)可知,存在一个随机变量 x^* 使得

$$\lim_{k\to\infty} \bar{x}(k+1) = x^* \tag{6.16}$$

并且其数学期望为 $\mathscr{E}(x^*) = \sum_{j=1}^{N} \pi_j \mathscr{E}[x_j(0)]$。

此外,对任意常数 μ,令 $y(k)=\bar{x}(k)-\mu$, 则由式(6.12) 可得

$$\begin{aligned}\mathscr{E}[y^2(k+1)] &= \mathscr{E}[(y(k)+\alpha(k)\bar{\xi}(k))^2]\\ &= \mathscr{E}[y^2(k)]+2\alpha(k)\mathscr{E}[y(k)\bar{\xi}(k)]+\alpha^2(k)\mathscr{E}[\bar{\xi}^2(k)]\\ &\leqslant \mathscr{E}[y^2(k)]+\alpha^2(k)\sigma^2(1-\rho)^2\\ &\leqslant \mathscr{E}[y^2(0)]+\sigma^2(1-\rho)^2\sum_{s=0}^{k}\alpha^2(s)\end{aligned} \tag{6.17}$$

上式中的第一个不等式利用了注解 6.2。另外,由式(6.16)可知,$\bar{x}(k+1)$收敛到随机变量 x^*,因此若令 $\mu=\mathscr{E}(x^*)$,则由 Fatou 引理[181]可知随机变量 x^* 的方差满足

$$\begin{aligned}\mathrm{Var}(x^*) &= \mathscr{E}[(x^*-\mathscr{E}(x^*))^2]\leqslant \mathscr{E}[y^2(k+1)]\\ &\leqslant \mathscr{E}[y^2(0)]+\sigma^2(1-\rho)^2\sum_{s=0}^{k}\alpha^2(s)\\ &= \mathscr{E}[(\bar{x}(0)-\mathscr{E}(x^*))^2]+\sigma^2(1-\rho)^2\sum_{s=0}^{k}\alpha^2(s)\\ &= \mathscr{E}\Big[\sum_{j=1}^{N}\pi_j(x_j(0)-\mathscr{E}(x_j(0)))^2\Big]+\sigma^2(1-\rho)^2\sum_{s=0}^{k}\alpha^2(s)\\ &\leqslant \max_{j\in\mathcal{V}}\mathrm{Var}(x_j(0))+\sigma^2(1-\rho)^2\sum_{s=0}^{k}\alpha^2(s)\end{aligned} \tag{6.18}$$

式中,$\max_{j\in\mathcal{V}}\mathrm{Var}(x_j(0))$表示所有初始状态 $x_j(0)(j=1,2,\cdots,N)$的最大方差。则由假设 6.1 和假设 6.3 可知,随机变量 x^* 的方差 $\mathrm{Var}(x^*)$有界。

定义一致性误差向量为 $\tilde{\boldsymbol{x}}(k)=\boldsymbol{x}(k)-\bar{x}(k)\mathbf{1}=(\boldsymbol{I}-\mathbf{1}\boldsymbol{\pi}^{\mathrm{T}})\boldsymbol{x}(k)$。利用关系式$(\boldsymbol{I}-\mathbf{1}\boldsymbol{\pi}^{\mathrm{T}})\boldsymbol{P}(k)=\boldsymbol{P}(k)(\boldsymbol{I}-\mathbf{1}\boldsymbol{\pi}^{\mathrm{T}})$,并由式(6.4)可得一致性误差动力学方程

$$\tilde{\boldsymbol{x}}(k+1) = \boldsymbol{P}(k)\tilde{\boldsymbol{x}}(k)+\alpha(k)(\boldsymbol{I}-\mathbf{1}\boldsymbol{\pi}^{\mathrm{T}})\boldsymbol{\xi}(k) \tag{6.19}$$

进而，令 $\|\tilde{\boldsymbol{x}}(k+1)\|_D^2=\|(\boldsymbol{I}-\boldsymbol{1}\boldsymbol{\pi}^{\mathrm{T}})\boldsymbol{x}(k)\|_D^2=V(\boldsymbol{x}(k+1))$，则由上式可得

$$\begin{aligned}V(\boldsymbol{x}(k+1))= & \|\boldsymbol{P}(k)\tilde{\boldsymbol{x}}(k)+\alpha(k)(\boldsymbol{I}-\boldsymbol{1}\boldsymbol{\pi}^{\mathrm{T}})\boldsymbol{\xi}(k)\|_D^2 \\ & =\tilde{\boldsymbol{x}}^{\mathrm{T}}(k)\boldsymbol{P}^{\mathrm{T}}(k)D\boldsymbol{P}(k)\tilde{\boldsymbol{x}}(k)+\|\alpha(k)(\boldsymbol{I}-\boldsymbol{1}\boldsymbol{\pi}^{\mathrm{T}})\boldsymbol{\xi}(k)\|_D^2 \\ & \quad +2\alpha(k)\tilde{\boldsymbol{x}}^{\mathrm{T}}(k)\boldsymbol{P}^{\mathrm{T}}(k)D(\boldsymbol{I}-\boldsymbol{1}\boldsymbol{\pi}^{\mathrm{T}})\boldsymbol{\xi}(k)\end{aligned} \tag{6.20}$$

因为 $\mathscr{E}[\boldsymbol{\xi}(k)]=0$，所以对上式两边取期望运算得

$$\mathscr{E}(V(\boldsymbol{x}(k+1))\mid V(\boldsymbol{x}(k)))$$

$$=\tilde{\boldsymbol{x}}^{\mathrm{T}}(k)\boldsymbol{P}^{\mathrm{T}}(k)D\boldsymbol{P}(k)\tilde{\boldsymbol{x}}(k)+\|\alpha(k)(\boldsymbol{I}-\boldsymbol{1}\boldsymbol{\pi}^{\mathrm{T}})\boldsymbol{\xi}(k)\|_D^2 \tag{6.21}$$

$$\leqslant\left(1-\frac{\eta(k)}{2(N-1)}\right)V(\boldsymbol{x}(k))+\mathscr{E}(\|\alpha(k)(\boldsymbol{I}-\boldsymbol{1}\boldsymbol{\pi}^{\mathrm{T}})\boldsymbol{\xi}(k)\|_D^2) \tag{6.21a}$$

$$\leqslant\left(1-\frac{\eta(k)}{2(N-1)}\right)V(\boldsymbol{x}(k))+\pi_{\max}\mathscr{E}(\|\alpha(k)(\boldsymbol{I}-\boldsymbol{1}\boldsymbol{\pi}^{\mathrm{T}})\boldsymbol{\xi}(k)\|_2^2) \tag{6.21b}$$

$$\leqslant\left(1-\frac{\eta(k)}{2(N-1)}\right)V(\boldsymbol{x}(k))+2\pi_{\max}\sigma^2N\alpha^2(k)(1-\rho)^2 \tag{6.21c}$$

上式中的不等式(6.21a)利用了引理 6.2；不等式(6.21b)利用了 $\|\cdot\|_D$ 范数的定义及其性质：对任意 N 维向量 $\boldsymbol{y}$，$\pi_{\min}\|\boldsymbol{y}\|_2\leqslant\|\boldsymbol{y}\|_D\leqslant\pi_{\max}\|\boldsymbol{y}\|_2$ 成立，这里 $\pi_{\max}=\max\limits_{i\in\mathcal{V}}\pi_i$；不等式(6.21c)利用了关系式 $\|(\boldsymbol{I}-\boldsymbol{1}\boldsymbol{\pi}^{\mathrm{T}})\|_2\leqslant 2$ 和 $\mathscr{E}(\|\boldsymbol{\xi}(k)\|_2^2)\leqslant N\sigma^2(1-\rho)^2$。

因此，若令 $\mu(k)=0$，$b(k)=2\pi_{\max}\sigma^2N\alpha^2(k)(1-\rho)^2$，$u(k)=\dfrac{\eta(k)}{2(N-1)}V(\boldsymbol{x}(k))$ 和 $v(k)=V(\boldsymbol{x}(k))$，则引理 6.3 的所有条件均满足。从而根据引理 6.3 可得

$$\lim_{k\to\infty}v(k)=\lim_{k\to\infty}V(x(k))=v^*\geqslant 0 \tag{6.22}$$

和

$$\sum_{k=0}^{\infty}u(k)=\sum_{k=0}^{\infty}\frac{\eta(k)}{2(N-1)}V(x(k))<\infty \tag{6.23}$$

注意到 $\sum\limits_{k=0}^{\infty}a(k)=\infty$，上面两式意味着

$$\lim_{k\to\infty}v(k)=\lim_{k\to\infty}V(\boldsymbol{x}(k))=v^*=0 \tag{6.24}$$

由式(6.24)以及 $|x_i(k)-x^*|^2\leqslant\|\boldsymbol{x}(k)-x^*\boldsymbol{1}\|^2$ 可得

$$\lim_{k\to\infty}\mathscr{E}[|x_i(k)-x^*|^2]=0 \tag{6.25}$$

由式(6.14)以及 $\|\boldsymbol{P}(k)\|\leqslant 1$ 最终可得

$$
\begin{aligned}
\mathscr{E}[\|\boldsymbol{x}(k+1)\|^2] &= \mathscr{E}[\|\boldsymbol{P}(k)\boldsymbol{x}(k)+\alpha(k)\boldsymbol{\xi}(k)\|^2] \\
&= \mathscr{E}[\|\boldsymbol{P}(k)\boldsymbol{x}(k)\|^2]+\mathscr{E}[\|\alpha(k)\boldsymbol{\xi}(k)\|^2] \\
&\leqslant \mathscr{E}[\|\boldsymbol{x}(k)\|^2]+\alpha^2(k)\mathscr{E}[\|\boldsymbol{\xi}(k)\|^2] \\
&\leqslant \mathscr{E}[\|\boldsymbol{x}(k)\|^2]+\alpha^2(k)N\sigma^2(1-\rho)^2 \\
&\leqslant \mathscr{E}[\|\boldsymbol{x}(0)\|^2]+N\sigma^2(1-\rho)^2\sum_{s=0}^{k}\alpha^2(s) \\
&< \infty
\end{aligned}
\tag{6.26}
$$

上式中第二个不等式由注解 6.2 得到，最后一个不等式利用了假设 6.3。根据定义 6.1 给出的均方一致性定义，式(6.25)和式(6.26)意味着：在提出的随机逼近一致性算法式(6.2)的作用下，网络中的所有个体达到均方一致性。进而由式(6.16)和式(6.18)可知，所有的个体状态最终收敛到一个随机变量 x^*，并且 x^* 的数学期望为所有个体初始状态的加权平均，且其方差有界。

注解 6.5 当有向网络是平衡网络时，其对应的加权邻接矩阵 $\boldsymbol{W}$ 是一个双随机矩阵，并且 $\boldsymbol{\pi}^{\mathrm{T}}=\frac{1}{N}(1,1,\cdots,1)^{\mathrm{T}}$。本章的一致性收敛分析仍然适用于平均一致性问题，但本章的分析并没有要求有向网络拓扑是平衡的。因此，本章结论将文献[158,159,161-165]中的一致性算法和收敛性推广到了更一般的有向网络情形。此外，式(6.16)清楚地揭示了所收敛的期望一致性值对有向网络拓扑的依赖。

6.5 仿真分析

我们考虑一个有 10 个节点的有向网络 $\boldsymbol{G}$，其对应的邻接矩阵 $\boldsymbol{W}$ 为

$$W=\begin{pmatrix}0.0398&0.9602&0&0&0&0&0&0&0&0\\0&0.5680&0&0.4320&0&0&0&0&0&0\\0.4001&0&0.0948&0&0&0&0&0.1930&0&0.3121\\0&0&0&0.1890&0&0&0.3427&0&0.3352&0.1331\\0.2667&0.3894&0&0&0.3439&0&0&0&0&0\\0&0&0&0&0&0.8733&0&0&0&0.1267\\0&0&0&0&0&0&0.3591&0&0.6409&0\\0&0&0&0&0&0&0&0.2275&0.2708&0.5017\\0&0&0.3004&0&0.4104&0&0&0.0225&0.2667&0\\0&0&0&0&0&0.3116&0&0.0876&0.3081&0.2927\end{pmatrix}$$

显然 $\boldsymbol{W}$ 满足假设 6.2 的条件,并且网络允许单向信息传输。

$\boldsymbol{W}$ 的最大特征值 1 对应的唯一单位模长的左特征向量为

$$\boldsymbol{\pi}=(0.0428\quad 0.1724\quad 0.0455\quad 0.0918\quad 0.0858\quad 0.2479\quad 0.0491\quad 0.0268\quad 0.1371\quad 0.1008)^{\mathrm{T}}$$

10 个个体的初始状态随机产生,且它们的期望加权平均值 $\mathscr{E}(\boldsymbol{\pi}^{\mathrm{T}}\boldsymbol{x}(0))=7.3532$。在式(6.2)中,我们选取时变控制增益序列 $\{a(k)\}=\left\{\frac{1}{k}\right\}(k>0)$,显然其满足假设 6.3 的随机逼近条件。对测量噪声,我们假定所有有向通道的测量噪声是独立同分布的、零均值且方差为 $\delta=10$ 的高斯白噪声。如果定义均方误差为

$$\mathrm{mse}(\boldsymbol{x}(k))=\sum_{i=1}^{N}\pi_i\ (x_i(k)-\mathscr{E}[\boldsymbol{\pi}^{\mathrm{T}}\boldsymbol{x}(0))]^2$$

则图 6.2 为所有个体的状态轨迹图,图 6.3 为均方误差变化图。图 6.2、图 6.3 清晰地表明,在提出的随机逼近一致性算法式(6.2)作用下,网络中的所有个体的状态最终收敛到期望加权平均值 $\mathscr{E}(\boldsymbol{\pi}^{\mathrm{T}}\boldsymbol{x}(0))=7.3532$ 的邻域内。

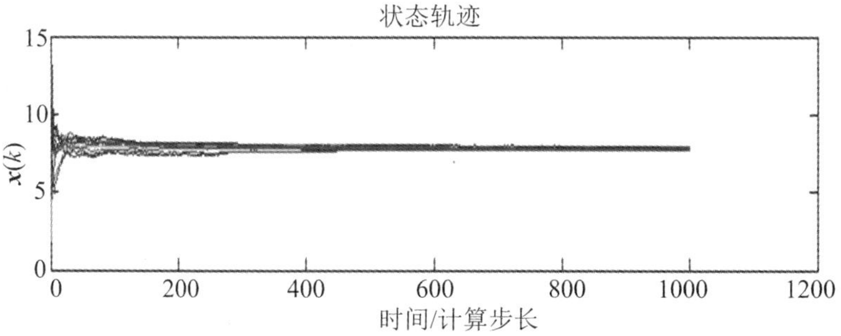

图 6.2 $\alpha(k)=\frac{1}{k},k>0$ 时的个体状态轨迹

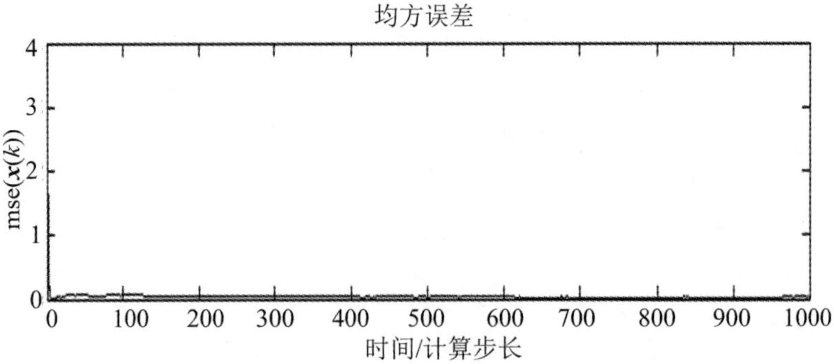

图 6.3 $\alpha(k)=\frac{1}{k}, k>0$ **时的均方误差**

6.6 本章小结

针对有向强连通网络上个体之间的信息通信受测量噪声干扰的情况，本章提出一种随机逼近一致性算法，算法利用引入时变控制增益来抑制测量噪声。在假定随机邻接矩阵具有正对角元素但非双随机的条件下，我们证明了在提出的随机逼近一致性算法作用下，网络中的所有个体状态最终收敛到均方一致性，并且最终的一致性值是一个随机变量。进而我们分析了这个随机变量的统计特性，发现其期望是所有个体初始值的加权平均，并且这个随机变量具有有界的方差。我们构造的广义二次李雅普诺夫函数不再要求有向网络拓扑必须是平衡的，因此提出的随机逼近一致性算法具有更广的应用范围。在下一步工作中，我们将尝试把本章的结果推广到有向网络具有有向生成树，测量噪声为一般均值且不为零的有色噪声情况。

第 7 章　总结与展望

7.1 总　　结

一致性问题随着大规模分布式网络和多个体系统的广泛应用,其研究进展非常迅猛。在实际的无线传感器网络、无人驾驶多飞行器、多移动机器人等多个体系统中,个体之间达到一致是所有个体能够协调合作完成复杂任务的首要条件。因此,网络拓扑和什么样的信息在网络中传输,是设计合适的一致性算法所必须考虑的两个至关重要的因素,也是研究者们一直关注的重要问题。然而,在许多的实际应用中,因为网络的不可靠通信或个体具有不同的感知范围,所以造成个体间往往基于单向传输信息。和无向网络相比,有向网络,特别是一般有向非平衡网络更节约成本,且使得网络在复杂环境下具有更强的鲁棒性、灵活性和适应性。众所周知,有向图的代数图谱理论到目前为止发展得并不完善,已有的基于无向图的代数图谱理论得到的无向网络的相关研究结果,并不适用于有向网络。此外，连接个体间的通道一般具有有限带宽限制，且不可避免地会受到各种噪声的干扰。因此,研究有向网络在量化信息通信下的量化一致性问题,以及在测量噪声干扰下的鲁棒一致性问题,既有理论意义,又有实际工程应用价值。和已有相关研究成果相比，本书的核心内容在于,从有向网络随机邻接矩阵最大特征值伴随的左特征向量这一描述有向网络拓扑特性的关键参数入手，分别研究了左特征向量固定的有向网络多个体系统的量化加权平均一致性问题(第 3 章、第 4 章)和鲁棒一致性问题(第 6 章),以及左特征向量时变的有向切换网络多个体系统的量化一致性问题(第 5 章)。主要结论归纳如下：

首先,针对固定拓扑有向强连通网络,采用基于节点的量化通信策略,本书研究了系统达到加权平均一致性时，无限水平静态对数量化器和有限水平动态一致量化器这两种量化器参数与网络拓扑结构参数之间的关系，解析了这两种量化器参数的选取准则,从而将基于无向图的代数图谱理论的无向网络相关研究结果,推广到更一般的有向网络情形。我们的研究表明,只要有向网络是强连通的,无论网络规模多大,就都可以适当地设计一个依赖有限量化信息通信的一致性算法,使得网络中的所有个体状态指数地收敛到加权平均一致性。进而我们严格地证明了:网络中的每个个体在每一时刻,仅需向其任一邻居个体非互惠地发送 1 比特量化信息,同时通过自环向其自身发送 1 比特量化信息,则提出的量化一致性算法就足以确保网络指数地达到加权平均一致性。研究结果突破了已有量化一致性算法高度依赖于传统的平均一致不变性的框架,因而消除了已有相关结论高度依赖无向图的代数图谱理论和对称矩阵分解的不足。

其次,针对切换拓扑有向周期强连通网络，采用基于边的自适应量化通信策略。我们针对切换网络的不同数字通道设计了不同的有限水平动态一致量化器,每条数字通道当前时刻的量化器参数会随着该通道在上一时刻是否连通而自适应地进行调整。进而利用非二次李雅普诺夫函数法,并结合输入到输出稳定性理论可得到:在提出的量化一致性算法作用下,只要切换网络中连边的失效间隔是有界的,那么无论网络规模多大,仅需要每个个体在每一时刻,非互惠地向其任一邻居个体发送 3 比特量化信息,同时向其自身发送 1 比特量化信息,就足以确保有向切换网络指数地收敛到一致性,且最终的一致性值仍位于所有个体初始值的凸包内。我们提出的量化一致性算法克服了已有相关成果要求系统迭代矩阵必须存在一个公共左特征向量的严格假设，且提出的量化一致性算法充分体现了切换网络的动态特性，并具有需要较少通信开销和对不可靠通信鲁棒性强的特点，因而更适用于数字通信网络。

最后，本书研究了具有测量噪声的有向网络多个体系统鲁棒一致性问题。在提出的随机逼近一致性算法中，通过引入时变控制增益来抑制网络通道中的测量噪声。在假定随机邻接矩阵具有正对角元素，但非双随机的条件下，通过构造一个合适的广义二次李雅普诺夫函数，并基于李雅普诺夫稳定性理论证明：在提出的随机逼近一致性算法作用下，网络中的所有个体状态最终达到均方意义下的一致性，且最终的一致性值是一个随机变量；这个随机变量的期望是所有个体初始状态值的加权平均，并具有有界的方差。构造的广义二次李雅普诺夫函数克服了文献中构造二次李雅普诺夫函数要求有向网络拓扑必须是平衡的这一关键假定条件的不足。

7.2　展　　望

网络化多个体系统的量化与鲁棒一致性研究目前正处于蓬勃发展阶段，虽然新的研究成果不断出现，但是也出现了更多亟待解决的问题，同时已有的研究成果也未能充分应用到各个相关学科中去。以下我们对多个体系统量化与鲁棒一致性研究的进一步发展做一些展望。

7.2.1　高阶个体模型的引入

到目前为止，在多个体系统的量化与鲁棒一致性的相关研究中，个体动力学多为简单的（均质）一阶积分器形式，或者二阶和一般线性高阶多个体系统[93,95,114,184,185]，且基本上是线性算法。然而在很多的实际应用中，如多移动机器人队形控制中，个体是具有很强非线性的刚体，怎样设计出更符合实际情况的（异质）高阶非线性系统的量化与鲁棒线性/非线性一致性算法，更具理论和实践价值。

7.2.2 网络化多个体系统的数据率问题研究

多个体系统分布式量化一致性问题的一个显著特点是，必须将控制理论、信息理论和网络理论进行综合考虑。同时已有的成果表明，若要实现对有限信道信息通信的单个个体的线性或非线性系统的量化镇定，则必须要求信道容量超过系统在平衡点产生的熵。这就是数据率定理[134-136]，这个定理建立了控制理论、信息理论之间的本质联系。那么能否建立网络化多个体系统的数据率定理，即如何建立控制理论、信息理论和网络理论的本质联系？虽然目前已经取得了一些初步的研究进展[185-194]，但仍然是学者们面临的更高层次上的挑战。

7.2.3 异步情况下的量化和鲁棒一致性问题

目前大多数的量化和鲁棒一致性算法研究都集中于同步情况，只有少量异步情况的研究成果，和同步情况相比，虽然后者更接近于实际应用，但其理论研究和实际应用都亟待发展。如何在异步信息通信下实现量化和鲁棒一致性仍是极富挑战性的课题。

7.2.4 网络化多个体系统的量化鲁棒性分析

目前关于多个体系统的量化一致性研究，基本上都是假定编码器与解码器的初始条件一样，这样信息发送个体经由编码器编码发出的信息与其邻居个体利用解码器解码得到的信息完全一样，也就是所谓的完全匹配(match)。然而在实际应用中，由于物理硬件的不精确性，如元器件的老化等，往往会造成量化过程中编码器与解码器的初始条件不一致，即产生量化失配(mismatch)的情况。这是量化一致性理论成果应用于实际时无法回避的现实问题。因此，完全有必要研究编码器与解码器量化失配情况下的多个体系统量化一致性问题，并探讨由量化失配造成的不确定性在网络中是如何传播的,以及对整个系统性能的影响。当然,把由此造成的量化误差视为测量噪声也不失为一种有效的处理方式。但文献[182,183]的研究表明,对失配情况下的编码器与解码器进行实时在线设计更符合实际需要。不过文献[182,183]考虑的仅是单个体情形,有关多个体情形的研究仍是一个极富挑战性的课题。

7.2.5　自环失效的量化与鲁棒一致性研究

本书所得结论基本上都是假定网络中所有个体任意时刻均可以通过自环获得自身信息。但在实际中,因为信息传递的不可靠有时会造成个体间歇性地无法获取自身信息,所以自环间歇性失效情形的量化与鲁棒一致性问题值得深入研究。

7.2.6　量化与鲁棒一致性问题的应用

目前,量化与鲁棒一致性问题的研究主要集中在理论研究方面。作为多个体系统分布式协调控制的一个根本性问题,尤其是伴随着人工智能、大数据、物联网等新技术的进一步应用发展,如何将现有的理论研究成果反馈到实践中,真正应用到相关的工程领域,也是颇具前景的研究方向。可喜的是,目前这方面的研究在多个体系统分布式优化、分布式机器学习和大数据处理等方面得到了蓬勃发展。

参 考 文 献

[1] 程代展,陈翰馥.从群集到社会行为控制[J].科技导报,2004(8):4-7.

[2] 郑毓蕃,束玲琳,林志赟.群体行为的一致性问题及研究[J].系统工程理论与实践,2008,28(增刊):27-34.

[3] 汪小帆,李翔,陈关荣.复杂网络理论及其应用[M].北京:清华大学出版社,2006.

[4] Lynch N A. Distributed algorithms[M]. San Francisco: Morgan Kaufmann, 1997.

[5] Beard R W, McLain T W, Nelson D B, et al. Decentralized cooperative aerial surveillance using fixed-wing miniature UAVs[J]. Proceedings of the IEEE, 2006, 94(7):1306-1324.

[6] Olfati-Saber R, Fax J A, Murray R M. Consensus and cooperation in networked multi-agent systems[J]. Proceedings of the IEEE, 2007, 95(1): 215-233.

[7] Ren W, Beard R W, Atkins E M. Information consensus in multivehicle cooperative control[J]. IEEE Control Systems Magazine, 2007, 27(2): 71-82.

[8] Bruckstein A M. Why the ant trails look so straight and nice[J]. The Mathematical Intelligencer. 1993,15(2): 59-62.

[9] Watton A. Analytical aspects of the n-bug problem[J]. American Journal of Physics, 1969, 37(2):220-221.

[10] Low D J. Following the crowd[J]. Nature, 2000, 407(6803): 465-466.

[11] Couzin I, Krause J, Franks N, et al. Effective leadership and decision-

making in animal groups on the move[J]. Nature, 2005,433(7025):513-516.

[12] Vicsek T, Czirok A, Ben-Jacob E, et al. Novel type of phase transition in a system of self-driven particles[J]. Physical Review Letter, 1995, 75(6): 1226-1229.

[13] Cruz D, McClintock J, Perteet B, et al. Decentralized cooperative control:A multivehicle platform for research in networked embedded systems[J]. IEEE Control Systems Magazine. 2007, 27(3):58-78.

[14] Urbig D. Attitude dynamics with limited verbalisation capabilities [J]. Journal of Artificial Societies and Social Simulation, 2003, 6(2):1-23.

[15] Tsitsiklis J N. Problems in decentralized decision making and computation[D]. Cambridge: Massachusetts Institute of Technology, 1984.

[16] Nedic A, Ozdaglar A, Parrilo P A. Constrained consensus and optimization in multi-agent networks [J]. IEEE Transactions on Automatic Control, 2010, 55(4): 922-938.

[17] Tsitsiklis J N, Athans M. Convergence and asymptotic agreement in distributed decision problems[J]. IEEE Transactions on Automatic Control, 1984, 29(1): 42-50.

[18] Tsitsiklis J N, Bertsekas D P, Athans M. Distributed asynchronous deterministic and stochastic gradient optimization algorithms [J]. IEEE Transactions on Automatic Control, 2003, 31(9): 803-812.

[19] Nedic A, Ozdaglar A. Distributed subgradient methods for multi-agent optimization[J]. IEEE Transactions on Automatic Control, 2009, 54(1): 48-61.

[20] Shi G, Johansson K H, Hong Y. Multi-agent systems reaching optimal consensus with directed communication graphs[C]. Proceedings of the IEEE American Control Conference, 2011.

[21] Johansson B, Keviczky T, Johansson M, et al. Subgradient methods and consensus algorithms for solving convex optimization problems [C]. Proceedings of the IEEE Conference on Decision and Control, 2008.

[22] Zhu M, Martinez S. On distributed convex optimization under inequality and equality constraints[J]. IEEE Transactions on Automatic Control, 2011, 57 (1):151-164.

[23] Nedic A. Asynchronous broadcast-based convex optimization over a network [J]. IEEE Transactions on Automatic Control,2011, 56 (6): 1337-1351.

[24] Lobel I, Ozdaglar A. Distributed subgradient methods for convex optimization over random networks[J]. IEEE Transactions on Automatic Control, 2011,56 (6):1291-1306.

[25] Daneshmand A, Facchinei F, Kungurtsev V, et al. Hybrid random/deterministic parallel algorithms for convex and nonconvex big data optimization[J]. IEEE Transactions on Signal Processing, 2015, 63(15): 3914-3929.

[26] Xi C, Mai V S, Xin R, et al. Linear convergence in optimization over directed graphs with row-stochastic matrices[J]. IEEE Transactions on Automatic Control, 2018, 63(10): 3558-3565.

[27] Gale D, Kariv S. Bayesian learning in social networks[J]. Games and Economic Behavior, 2003, 45(2):329-346.

[28] Jackson M O. Social and economic networks[M]. Princeton: Princeton University Press, 2008.

[29] Watts D J. Six degrees: the science of a connected age[M]. New York: W. W. Norton and Company, 2003.

[30] Bala V, Goyal S. Learning from neighbors[J]. Review of Economic Studies, 1998, 65(3):595-621.

[31] Acemoglu D, Ozdaglar A, Parandeh A. Spread of (mis)information in social networks[J]. Games and Economic Behavior, 2010, 70(2):194-227.

[32] Blondel V D, Hendrickx J M, Tsitsiklis J N. Continuous-time average-preserving opinion dynamics with opinion-dependent communications[J]. SIAM Journal on Control and Optimization, 2010, 48(8): 5214-5240.

[33] Blondel V D, Hendrickx J M, Tsitsiklis J N. On Krause′s multi-agent consensus model with state-dependent connectivity[J]. IEEE Transactions on Automatic Control, 2009, 54(11): 2586-2597.

[34] DeMarzo P M, Vayanos D, Zwiebel J. Persuasion bias, social influence and unidimensional opinions[J]. The quarterly Journal of Economics, 2003, 118 (3): 909-968.

[35] Reynolds C W. Flocks, herds and schools: A distributed behavioral model

[J]. Computer Graphics, 1987, 21(1):25-34.

[36] Yang P, Freeman R, Gordon G, et al. Decentralized estimation and control of graph connectivity for mobile sensor networks[J]. Automatica, 2010, 46(2): 390-396.

[37] Qu Z H, Li C Y, Lewis F. Cooperative control based on distributed estimation of network connectivity[C]. Proceedings of the IEEE American Control Conference, 2011.

[38] Tanner H G, Jadbabaie A, Pappas G J. Flocking in fixed and switching networks[J]. IEEE Transactions on Automatic Control, 2007, 52(5): 863-868.

[39] Olfati-Saber R. Flocking for multi-agent dynamic systems: Algorithms and theory[J]. IEEE Transactions on Automatic Control, 2006, 51(3):401-420.

[40] Zavlanos M M, Tanner H G, Jadbabaie A, et al. Hybrid control for connectivity preserving flocking [J]. IEEE Transactions on Automatic Control, 2009, 54(12): 2869-2875.

[41] Su H S, Wang X F, Lin Z L. Flocking of multi-agents with a virtual leader [J]. IEEE Transactions on Automatic Control,2009, 54(2):293-307.

[42] Su H S, Wang X F, Wen Y. Flocking in multi-agent systems with multiple virtual leaders[J]. Asian Journal of Control, 2008, 10 (2): 238-245.

[43] Lee D, Spong M W. Stable flocking of multiple inertial agents on balanced graphs[J]. IEEE Transactions on Automatic Control, 2007, 52(8): 1469-1475.

[44] Moshtagh N, Jadbabaie A. Distributed geodesic control laws for flocking of nonholonomic agents[J]. IEEE Transactions on Automatic Control, 2007, 52(4):681-686.

[45] Cao M, Morse A S, Anderson B D O. Agreeing asynchronously[J]. IEEE Transactions on Automatic Control, 2008, 53(8): 1826-1838.

[46] Cao M, Morse A S, Anderson B D O. Reaching a consensus in a dynamically changing environment: a graphical approach[J]. SIAM Journal on control and optimization, 2008, 47(2): 575-600.

[47] Cao M, Morse A S, Anderson B D O. Reaching a consensus in a dynamically changing environment: convergence rates, measurement delays and asynchronous

events[J]. SIAM Journal on control and optimization, 2008, 47(2): 601-623.

[48] Jadbabaie A, Lin J, Morse A S. Coordination of groups of mobile autonomous agents using nearest neighbor rules[J]. IEEE Transactions on Automatic Control, 2003, 48(6):988-1001.

[49] Olfati-Saber R, Murray R M. Consensus problems in networks of agents with switching topology and time-delays [J]. IEEE Transactions on Automatic Control, 2004, 49(9):1520-1533.

[50] Lin Z Y, Broucke M, Francis B. Local control strategies for groups of mobile autonomous agents[J]. IEEE Transactions on Automatic Control, 2004, 49(4):622-629.

[51] Lin Z Y, Francis B, Maggiore M. Necessary and sufficient graphical conditions for formation control of unicycles[J]. IEEE Transactions on Automatic Control, 2005, 50(1):121-127.

[52] Lin Z Y, Francis B, Maggiore m. State agreement for continuous-time coupled nonlinear systems[J]. SIAM Journal on Control and Optimization, 2007, 46(1):288-307.

[53] Fax J A, Murray R M. Information flow and cooperative control of vehicle formations[J], IEEE Transactions on Automatic Control, 2004, 49(9): 1465-1476.

[54] Moreau L. Stability of multiagent systems with time-dependent communication links[J]. IEEE Transactions on Automatic Control, 2005, 50(2):169-182.

[55] Xiao F, Wang L. Asynchronous rendezvous analysis via set-valued consensus theory[J]. SIAM Journal on Control and Optimization, 2012, 50(1): 196-221.

[56] Ren W, Beard R W. Consensus seeking in multiagent systems under dynamically changing interaction topologies [J]. IEEE Transactions on Automatic Control, 2005, 50(5):655-661.

[57] Ren W. Multi-vehicle consensus with a time-varying reference state[J]. Systems and Control Letters, 2007, 56(7-8):474-483.

[58] Ren W. On consensus algorithms for double-integrator dynamics[J]. IEEE Transactions on Automatic Control, 2008, 53(6):1503-1509.

[59] Ren W, Beard R W. Distributed consensus in multi-vehicle cooperative control[J]. Communications and Control Engineering, 2008, 27(2):71-82.

[60] Cao Y C, Ren W. Distributed coordinated tracking with reduced interaction via a variable structure approach[J]. IEEE Transactions on Automatic Control, 2012, 57(1):33-48.

[61] Hatanaka T, Igarashi Y, Fujita M, et al. Passivity-based pose synchronization in three dimensions[J]. IEEE Transactions on Automatic Control, 2012, 57(2):360-375.

[62] Meng Z, Ren W, You Z. Distributed finite-time attitude containment control for multiple rigid bodies[J]. Automatica, 2010, 46(12): 2092-2099.

[63] Meng Z, Lin Z L, Ren W. Leader-follower swarm tracking for networked Lagrange systems[J]. Systems and Control Letters, 2012, 61(1): 117-126.

[64] Sarlette A, Sepulchre R, Leonard N. Autonomous rigid body attitude synchronization[J]. Automatica, 2009, 45(2):572-577.

[65] Dong W, Farrell J A. Decentralized cooperative control of multiple nonholonomic dynamic systems with uncertainty[J]. Automatica, 2009, 45 (3), 706-710.

[66] Benediktsson J A, Swain P H. Consensus theoretic classification methods [J]. IEEE Transactions on Systems, Man and Cybernetics, 1992, 22(4): 688-704.

[67] DeGroot M H. Reaching a consensus[J]. Journal of the American Statistical Association, 1974, 69(345): 118-121

[68] Wang L, Wang X F. New conditions for synchronization in dynamical communication networks[J]. Systems and Control Letters,2011, 60(4):219-225.

[69] Liu Z X, Guo L. Synchronization of multi-agent systems without connectivity assumptions[J]. Automatica, 2009, 45(12):2744-2753.

[70] Yu W W, Zheng W X, Chen G R, et al. Second-order consensus in multi-agent dynamical systems with sampled position data[J]. Automatica, 2011, 47(7):1496-1503.

[71] Xie G M, Wang L. Consensus control for a class of networks of dynamic agents[J]. International Journal of Robust and Nonlinear Control, 2007, 17

(10-11):941-959.

[72] Hong Y, Chen G, Bushnell L. Distributed observers design for leader-following control of multi-agent networks[J]. Automatica, 2008, 44(3): 846-850.

[73] Ren W, Moore K L, Chen Y Q. High-order and model reference consensus algorithms in cooperative control of multi-vehicle Systems[J]. Journal of Dynamic Systems Measurement and Control, 2007,129(5): 678-688.

[74] Zhang H L, Lewis F L, Das A. Optimal design for synchronization of cooperative systems: state feedback, observer and output feedback[J]. IEEE Transactions on Automatic Control, 2011, 56(8): 1948-1952.

[75] Yu W W, Chen G R, Ren W, et al. Distributed higher order consensus protocols in multiagent dynamical systems [J]. IEEE Transactions on Circuits and Systems, 2011, 58(8): 1924-1932.

[76] Jiang F C , Wang L. Consensus seeking of high-order dynamic multi-agent systems with fixed and switching topologies[J]. International Journal of Control,2010, 83(2): 404-420.

[77] Li Z K, Liu X D, Lin P, et al. Consensus of linear multi-agent systems with reduced-order observer-based protocols[J]. Systems and Control Letters, 2011, 60(7): 510-516.

[78] Das A, Lewis F L. Distributed adaptive control for synchronization of unknown nonlinear networked systems[J]. Automatica, 2010, 46(12): 2014-2021.

[79] Wang J H, Cheng D Z, Hu X M. Consensus of multi-agent systems with higher order dynamics[J]. Asian Journal of Control, 2008,10(2):144-155.

[80] Hou Z G, Cheng L, Tan M. Decentralized robust adaptive control for the multiagent system consensus problem using neural networks[J]. IEEE Transactions on Systems, Man and Cybernetics, 2009, 39(3): 636-647.

[81] Li Z K, Duan Z S, Chen G R, et al. Consensus of multiagent systems and synchronization of complex networks: a unified viewpoint [J]. IEEE Transactions on Circuits and Systems, 2010,57(1): 213-224.

[82] Wang X L, Hong Y G, Huang J, et al. A distributed control approach to a robust output regulation problem for multi-agent linear systems[J]. IEEE

Transactions on Automatic Control, 2010, 55(12): 2891-2895.

[83] Liu S, Xie L H, Zhang H S. Distributed consensus for multi-agent systems with delays and noises in transmission channels[J]. Automatica, 2011, 47 (5):920-934.

[84] Tian Y P, Liu C L. Robust consensus of multi-agent systems with diverse input delays and asymmetric interconnection perturbations[J]. Automatica, 2009, 45(5): 1347-1353.

[85] Boyd S, Ghosh A, Prabhaka B, et al. Randomized gossip algorithms[J]. IEEE Transactions on Information Theory, 2006, 52(6):2508-2530.

[86] Aysal T C, Yildiz M E, Sarwate A D, et al. Broadcast gossip algorithms for consensus[J]. IEEE Transactions on Signal Processing, 2009, 57(7): 2748-2761.

[87] Benezit F, Blondel V, Thiran P, et al. Weighted gossip: distributed averaging using non-doubly stochastic matrices[C]. IEEE International Symposium on Information Theory, 2010.

[88] Kashyap A, Basar T, Srikant R. Quantized consensus[J]. Automatica, 2007, 43 (7):1192-1203.

[89] Aysal T C, Coates M J, Rabbat M G. Distributed average consensus with dithered quantization[J]. IEEE Transactions on Signal Processing, 2008, 56 (10): 4905-4918.

[90] Kar S, Moura J M F. Distributed consensus algorithms in sensor networks: quantized data and random link failures[J]. IEEE Transactions on Signal Processing, 2010, 58(3):1383-1400.

[91] Li T, Fu M Y, Xie L H, et al. Distributed consensus with limited communication data rate[J]. IEEE Transactions on Automatic Control, 2011, 56(2):279-292.

[92] Li T, Xie L H. Distributed consensus over digital networks with limited bandwidth and time-varying topologies[J]. Automatica, 2011, 47 (9): 2006-2015.

[93] Li T, Xie L H. Coordinated control of second-order multi-agent systems with quantized-observer[C]. Proceedings of the IEEE Chinese Control Conference, 2011.

[94] Liu S, Li T, Xie L H. Distributed consensus for multiagent systems with communication delays and limited data rate[J]. SIAM Journal on Control and Optimization, 2011,49(6): 2239-2262.

[95] You K Y, Xie L H. Network topology and communication data rate for consensus ability of discrete-time multi-agent systems[J]. IEEE Transactions on Automatic Control, 2011, 56(10): 2262-2275.

[96] Chen G, Lewis F, Xie L H. Finite-time distributed consensus via binary control protocols[J]. Automatica, 2011, 47 (9) : 1962-1968.

[97] Zhang Q, Zhang J F. Distributed quantized averaging under directed time-varying topologies [J]. IFAC Proceedings Volumes, 2011, 44 (1): 2356-2361.

[98] Wang Y, Wu Q H, Wang Y Q. Quantized consensus with finite data rate under directed topologies. [C] Proceedings of the IEEE Conference on Decision and Control, 2011.

[99] Carli R, Fagnani F, Speranzon A, et al. Communication constraints in the average consensus problem[J]. Automatica, 2008,44(3): 671-684.

[100] Carli R, Bullo F, Zampieri S. Quantized average consensus via dynamic coding/decoding schemes[J]. International Journal of Robust and Nonlinear Control, 2010, 20(2):156-175.

[101] Carli R, Bullo F. Quantized coordination algorithms for rendezvous and deployment[J]. SIAM Journal on Control and Optimization, 2009, 48,(3): 1251-1274.

[102] Nedic A, Olshevsky A, Ozdaglar A, et al. On distributed averaging algorithms and quantization effects[J]. IEEE Transactions on Automatic Control, 2009, 54(11): 2506-2517.

[103] Carli R, Fagnani F, Frasca P, et al. Gossip consensus algorithms via quantized communication[J]. Automatica, 2010, 46(1):70-80.

[104] Dimarogonas D V, Johansson K H. Stability analysis for multi-agent systems using the incidence matrix: quantized communication and formation control[J]. Automatica, 2010, 46(4): 695-700.

[105] Frasca P. Continuous-time quantized consensus: convergence of Krasovskii solutions[J]. Systems and Control Letters, 2012,61(2):273-278.

[106] Ceragioli F, Persis C D, Frasca P. Discontinuities and hysteresis in quantized average consensus[J]. Automatica, 2011, 47(9):1916-1928.

[107] Persis C D. On the passivity approach to quantized coordination problems [C]. Proceedings of the IEEE Conference on Decision and Control and European Control Conference, 2011.

[108] Persis C D, Cao M, Ceragioli F. A note on the deployment of kinematic agents by binary information[C]. Proceedings of the IEEE Conference on Decision and Control and European Control Conference, 2011.

[109] Persis C D, Liu H, Cao M. Control of one-dimensional guided formations using coarse information [C]. Proceedings of the IEEE Conference on Decision and Control, 2010.

[110] Hui Q. Quantised near-consensus via quantised communication links[J]. International Journal of Control, 2011, 84(5):931-946.

[111] Cai K, Ishii H. Quantized consensus and averaging on gossip digraphs[J]. IEEE Transactions on Automatic Control, 2011, 56(9): 2087-2100.

[112] Cai K, Ishii H. Convergence time analysis of quantized gossip consensus on digraphs[J]. Automatica, 2012,48(9):2344-2351.

[113] Yuan D, Xu S Y, Zhao H Y, et al. Distributed average consensus via gossip algorithm with real-valued and quantized data for $0<q<1$[J]. System and Control Letters, 2010, 59(9): 536-542.

[114] Liu H, Cao M, Persis C D. Quantization effects on synchronization of mobile agents with second-order dynamics[J]. IFAC Proceedings Volumes, 2011,44(1):2376-2381.

[115] Li D Q, Liu Q P, Wang X F. Distributed quantized consensus for agents on directed networks[J]. Journal of Systems Science and Complexity, 2013, 26 (4):489-511.

[116] Li D Q, Liu Q P, Wang X F, et al. Consensus seeking over directed networks with limited information communication[J]. Automatica, 2013, 49(2): 610-618.

[117] Carli R, Como G, Frasca P, et al. Distributed averaging on digital erasure networks[J]. Automatica, 2011, 47(1):115-121.

[118] Merris R. Laplacian matrices of graphs: a survey[J]. Linear Algebra and

its Applications,1994, 197(11): 143-176.

[119] Fiedler M. Algebraic connectivity of graphs [J]. Czechoslovak Math Journal, 1973, 23(98): 298-305.

[120] Godsil C, Royle G. Algebraic graph theory [M]. New York: Springer, 2001.

[121] Horn R A, Johnson C R. Matrix analysis [M]. Cambridge: Cambridge University Press, 1985.

[122] Bullo F, Cortes J, Martınez S. Distributed control of robotic networks [M]. Princeton: Princeton University Press, 2009.

[123] Mesbahi M, Egerstedt M. Graph theoretic methods in multiagent networks [M]. Princeton: Princeton University Press, 2010.

[124] Minc H. Nonnegative matrices[M]. New York: Wiley. 1998.

[125] Wolfowitz J. Products of indecomposable, aperiodic, stochastic matrices [J]. Proceedings of the American Mathematical Society, 1963, 14 (5): 733-737.

[126] Hajnal J. The ergodic properties of non-homogeneous finite Markov chains [J]. Proceedings of the Cambridge Philosophical Society, 1956, 52(1): 67-77.

[127] Olshevsky A, Tsitsiklis J N. On the nonexistence of quadratic lyapunov functions for consensus algorithms[J]. IEEE Transactions on Automatic Control, 2008, 53(11): 2642-2645.

[128] Wieland P, Kim J, Scheu H, et al. On consensus in multi-agent systems with linear high-order agents[J]. IFAC Proceedings Volumes, 2008,41(2): 1541-1546.

[129] Liu Y Y, Slotine J J, Barabasi A L. Controllability of complex networks [J]. Nature, 2011, 473(7346):167-173.

[130] Li X, Wang X F, Chen G R. Pinning a complex dynamical network to its equilibrium[J]. IEEE Transactions on Circuits and Systems I: Regular Papers, 2004, 51(10) : 2074-2087.

[131] Ishii H, Tempo R. Distributed randomized algorithms for the PageRank computation[J]. IEEE Transactions on Automatic Control, 2010, 55(9): 1987-2002.

[132] Brockett R W, Liberzon D. Quantized feedback stabilization of linear systems[J]. IEEE Transactions on Automatic Control, 2000, 45(7): 1279-1289.

[133] Elia N, Mitter S K. Stabilization of linear systems with limited information [J]. IEEE Transactions on Automatic Control, 2001, 46(9): 1384-1400.

[134] Nair G N, Evans R, Mareels I M Y, et al. Topological feedback entropy and nonlinear stabilization[J]. IEEE Transactions on Automatic Control, 2004, 49(9): 1585-1597.

[135] Fu M Y, Xie L H. The sector bound approach to quantized feedback control [J]. IEEE Transactions on Automatic Control, 2005, 50(11): 1698-1711.

[136] Xie L H. Control over communication networks: trend and challenges in integrating control theory and information theory[C]. Proceedings of the IEEE Chinese Control Conference, 2011, 35-39.

[137] Curry R E. Estimation and control with quantized measurements[M]. Cambridge: MIT Press, 1970.

[138] Xiao L, Boyd S. Fast linear iterations for distributed averaging[J]. Systems and Control Letters, 2004, 53(1):65-78.

[139] Censi A, Murray R M. Real-valued average consensus over noisy quantized channels[C]. Proceedings of the IEEE American Control Conference, 2009.

[140] Lavaei J, Murry R M. Quantized consensus by means of gossip algorithm [J]. IEEE Transactions on Automatic Control, 2012,57 (1):19-32.

[141] Zhu M H, Martínez S. On the convergence time of asynchronous distributed quantized averaging algorithms[J]. IEEE Transactions on Automatic Control, 2011,56 (2):386-390.

[142] Chen H F. Stochastic approximation and its applications[M]. Boston: Kluwer Academic Publishers, 2002.

[143] Hajek O. Discontinuous differential equations I[J]. Journal of Differential Equations, 1979, 32(2):149-170.

[144] Filippov A F. Differential equations with discontinuous right hand side[M]. Boston: Kluwer A Cademic Publishers, 1988.

[145] Cortes J. Discontinuous dynamical systems: a tutorial on solutions, nonsmooth analysis and stability[J]. IEEE Control Systems Magazine,

2008, 28(3):36-73.

[146] Lygeros J, Johansson K, Simic S, et al. Dynamical properties of hybrid automata[J]. IEEE Transactions on Automatic Control, 2003, 48(1):2-17.

[147] Hokayem P D, Stipanovi D M, Spong M W. Semiautonomous control of multiple networked Lagrangian systems[J]. International Journal of Robust and Nonlinear Control, 2008, 19(18):2040-2055.

[148] Fradkov A L, Andrievsky B, Evans R J. Synchronization of passifiable Lurie systems via limited-capacity communication channel [J]. IEEE Transactions on Circuits and Systems, 2009, 56(2): 430-439.

[149] Fradkov A L, Andrievsky B, Evans R J. Adaptive observer-based synchronization of chaotic systems with first-order coder in the presence of information constraints[J]. IEEE Transactions on Circuits and Systems, 2008, 55(6): 1685-1694.

[150] Dominguez-Garcia A D, Hadjicostis C N. Distributed strategies for average consensus in directed graphs[C]. Proceedings of the IEEE Conference on Decision and Control and European Control Conference, 2015.

[151] Fan Y, Feng G, Wang Y. Weight balance for directed networks: conditions and algorithms [C]. Proceedings of the IEEE Conference on Control, Automation, Robotics and Vision, 2011.

[152] Gharesifard B, Cortes J. When does a digraph admit a doubly stochastic adjacency matrix? [C]. Proceedings of the IEEE American Control Conference, 2010.

[153] Wu C W. Algebraic connectivity of directed graphs[J]. Linear Multilinear Algebra, 2005, 53(3):203-223.

[154] Ren W, Beard R W, Kingston D B. Multi-agent kalman consensus with relative uncertainty [C]. Proceedings of the IEEE American Control Conference, 2005.

[155] Xiao L, Boyd S, Kim S J. Distributed average consensus with least mean square deviation[J]. Journal of Parallel and Distributed Computing, 2007, 67(1): 33-46.

[156] Rajagopal R, Wainwright M J. Network-based consensus averaging with general noisy channils[J]. IEEE Transactions on Signal Processing, 2011,

59(1): 373-385.

[157] Noorshams N, Wainwright M J. Non-asymptotic analysis of an optimal algorithm for network-constrained averaging with noisy links[J]. IEEE Journal of Selected Topics in Signal Processing, 2011, 5(4): 833-844.

[158] Huang M, Manton J H. Coordination and consensus of networked agents with noisy measurement: Stochastic algorithms and asymptotic behavior [J]. SIAM Journal on Control and Optimization, 2009, 48(1):134-161.

[159] Huang M, Dey S, Nair G N, et al. Stochastic consensus over noisy networks with Markovian and arbitrary switches[J]. Automatica, 2010, 46 (10): 1571-1583.

[160] Huang M, Manton J H. Stochastic consensus seeking with noisy and directed inter-agent communication: fixed and randomly varying topologies [J]. IEEE Transactions on Automatic Control, 2010,55(1): 235-241.

[161] Touri B, Nedic A. Distributed consensus over network with noisy links [C]. Proceedings of the IEEE International Conference on Information Fusion, 2009.

[162] Kar S, Moura J M F. Distributed consensus algorithms in sensor networks with imperfect communication: link failures and channel noises[J]. IEEE Transactions on Signal Processing, 2009, 57(1): 355-369.

[163] Li T, Zhang J F. Mean square average consensus under measurement noisess and fixed topologies: necessary and sufficient conditions [J]. Automatica, 2009, 45(8): 1929-1936.

[164] Li T, Zhang J F. Consensus conditions of multi-agent systems with time-varying topologies and stochastic communication noises [J]. IEEE Transactions on Automatic Control, 2010, 55(9): 2043-2057.

[165] Huang M. Stochastic approximation for consensus: a new approach via ergodic backward products[J]. IEEE Transactions on Automatic Control, 2012, 57(12):2994-3008.

[166] Ma C Q, Li T, Zhang J F. Consensus control for leader-following multi-agent systems with measurement noisess[J]. Journal of Systems Science and Complexity, 2010, 23(1): 35-49.

[167] Hu J, Feng G. Distributed tracking control of leader-follower multi-agent

systems under noisy measurement [J]. Automatica, 2010, 46 (8): 1382-1387.

[168] Wang L, Liu Z X. Robust consensus of multi-agent systems with noise[J]. Science in China, 2009, 52(5): 824-834.

[169] Sukhavasi R T, Hassibi B. Tree codes improve convergence rate of consensus over erasure channels[C]. Proceedings of the IEEE Conference on Decision and Control, 2012.

[170] Boyd S, Ghaoui L E, Feron E, et al. Linear matrix inequalities in system and control theory [M]. Pennsylvania: Society for Industrial and Applied, 1994.

[171] Schenato L, Sinopoli B, Franceschetti M, et al. Foundations of control and estimation over lossy networks[J]. Proceedings of the IEEE, 2007, 95(1): 163-187.

[172] Zabczyk J. Mathematical control theory: an introduction [M]. Boston: Birkhauser, 1992.

[173] Silvester J R. Determinants of block matrices [J]. The Mathematical Gazette, 2000, 84(501):460-467.

[174] Antsaklis P J, Michel A N. Linear systems[M]. Boston:Birkhauser,1997.

[175] Khalil H K. Nonlinear systems [M]. Upper Saddle River: Prentice Hall, 2002.

[176] Fagnani F, Zampieri S. Quantized stabilization of linear systems: complexity versus performances [J]. IEEE Transactions on Automatic Control, 2004,49(9):1534-1548.

[177] Touri B, Nedic A. On ergodicity, infinite flow and consensus in random models[J]. IEEE Transactions on Automatic Control, 2011, 56 (7): 1593-1605.

[178] Zhu M H, Martínez S. Discrete-time dynamic average consensus [J]. Automatica, 2010, 46(2):322-329.

[179] Rudin W. Real and complex analysis [M]. Singapore: McGraw-Hill Education, 1986.

[180] Polyak B T. Introduction to optimisation[M]. New York: Optimization Software, 1987.

[181] Chow Y S, Teicher H. Probability theory: independence, interchangeability, martingales[M]. New York: Springer, 1997.

[182] Tatiana K, Dragan N. Robustness of quantized control systems with mismatch between coder/decoder initializations[J]. Automatica, 2009, 45(3): 817-822.

[183] Gurt A, Nair G N. Internal stability of dynamic quantised control for stochastic linear plants[J]. Automatica, 2009, 45(6): 1387-1396.

[184] Li D Q, Liu Q P, Wang X F, et al. Quantized consensus over directed networks with switching topologies[J]. Systems and Control Letters, 2014, 65(1): 13-22.

[185] Qiu Z R, Xie L H, Hong Y G. Data rate for distributed consensus of multiagent systems with high-order oscillator dynamics[J]. IEEE Transactions on Automatic Control, 2017, 62(11): 6065-6072.

[186] Li X X, Chen M Z Q, Su H S. Quantized consensus of multi-agent networks with sampled data and markovian interaction links[J]. IEEE Transactions on Automatic Control, 2019, 49(5): 1816-1825.

[187] Li D Q, Lin Z L. Reaching consensus in unbalanced networks with coarse information communication[J]. International Journal of Robust and Nonlinear Control, 2016, 26(10): 2153-2168.

[188] Ma J, Ji H B, Sun D. An approach to quantized consensus of continuous-time linear multi-agent systems[J]. Automatica, 2018, 91(1): 98-104.

[189] Wu Z G, Xu Y, Pan Y J. Event-triggered control for consensus problem in multi-agent systems with quantized relative state measurements and external disturbance[J]. IEEE Transactions on Circuits and Systems I: Regular Papers, 2018, 65(7): 2232-2242.

[190] Xiong W J, Yu X H, Chen Y. Quantized iterative learning consensus tracking of digital networks with limited information communication[J]. IEEE Transactions on Neural Networks and Learning Systems, 2017, 28(6): 1473-1480.

[191] Meng Y, Li T, Zhang J F. Coordination over multi-agent networks with unmeasurable states and finite-level quantization[J]. IEEE Transactions on Automatic Control, 2017, 62(9): 4647-4653.

[192] Li H Q, Chen G, Huang T W. High-performance consensus control in networked systems with limited bandwidth communication and time-varying directed Topologies[J]. IEEE Transactions on Neural Networks and Learning Systems, 2017, 28(5): 1043-1054.

[193] Li H Q, Huang C C, Chen G. Distributed consensus optimization in multiagent networks with time-varying directed topologies and quantized communication[J]. IEEE Transactions on Cybernetics, 2017, 47(8): 2044-2057.

[194] Li H Q, Liu S, Soh Y, et al. Event-triggered communication and data rate constraint for distributed optimization of multiagent systems[J]. IEEE Transactions on Systems, Man and Cybernetics, 2018, 48(11): 1908-1919.